U0171630

建筑杂话

变化的建筑

外国建筑的千年之变

张克群 著

机械工业出版社
CHINA MACHINE PRESS

你知道吗？

奴隶制时代的建筑都特庞大；

哥特建筑是欧洲中世纪的黑暗之光；

佛寺建筑在日本和印度遍地开花；

后中世纪，君权和文艺都复兴了；

英法大革命时期的建筑集各种仿古于一身；

19世纪的钢筋混凝土带给建筑新面貌；

20世纪以后现代建筑登上了历史舞台；

再后来，后现代主义开始使建筑各走各的路……

如此浩瀚的外国建筑千年之变，通过简明的讲解、有趣的历史故事、诙谐的语言风格，将复杂的建筑形式转化为清晰明了的发展脉络。小小一本书，带着你走遍世界的隐秘角落，走近建筑和历史中的活色生香。

图书在版编目（CIP）数据

变化的建筑：外国建筑的千年之变 / 张克群著. —北京：机械工业出版社，2019.12

（杂话建筑）

ISBN 978-7-111-64077-6

Ⅰ.①变… Ⅱ.①张… Ⅲ.①建筑史—国外 Ⅳ.①TU-091

中国版本图书馆CIP数据核字（2019）第243104号

机械工业出版社（北京市百万庄大街22号 邮政编码100037）

策划编辑：时 颂 赵 荣 责任编辑：时 颂 刘 晨

责任校对：梁 倩 王明欣 封面设计：鞠 杨

责任印制：孙 炜

北京联兴盛业印刷股份有限公司印刷

2020年1月第1版第1次印刷

148mm×210mm·6.75印张·2插页·190千字

标准书号：ISBN 978-7-111-64077-6

定价：49.00元

电话服务　　　　　　　　网络服务

客服电话：010-88361066　机 工 官 网：www.cmpbook.com

　　　　　010-88379833　机 工 官 博：weibo.com/cmp1952

　　　　　010-68326294　金 书 网：www.golden-book.com

封底无防伪标均为盗版　机工教育服务网：www.cmpedu.com

序

　　妈妈领着年幼的我和妹妹在颐和园长廊，仰着头讲每一幅画的意义，在每一座有对联的古老房子前面摸那些抑扬顿挫的文字，在门厅回廊间让我们猜那些下马石和拴马桩的作用，从那些静止的物件开始讲述无比生动的历史。

　　那些颓败但深蕴的历史告诉了我和妹妹世界之辽阔、人生之倏忽，和美之永恒。

　　从小妈妈对我们讲的许多话里，迄今最真切的一句就是：这世界不止眼前的苟且，还有远方与诗——其实诗就是你心灵的最远处。

　　在我和妹妹长大的这么多年里，我们分别走遍了世界，但都没买过一尺房子，因为我们始终坚信，诗与远方才是我们的家园。

　　妈妈生在德国，长在中国，现在住在美国。读书画画、考察古建筑，颇有民国大才女林徽因之风（妈妈年轻时容貌也毫不逊色）。那时梁思成与林徽因两位先生

在清华胜因院与我家比邻而居。妈妈最终听从梁先生读了清华建筑系而不是外公希望的外语系,从此对古建筑痴迷一生。妈妈对中西建筑融会贯通,家学渊源又给了她对历史细部的领悟,因此才有了这部有趣的历史图画(我觉得她画的建筑不是工程意义上的,而是历史的影子)。我忘了这是妈妈写的第几本书了,反正她充满乐趣的写写画画总是如她乐观的性格一样情趣盎然,让人无法释卷。

从小妈妈教我琴棋书画,我学会了前三样并且以此谋生,第四样的笨拙导致我家迄今墙上的画全是妈妈画的。我喜欢她出人意表的随意创造性。这也让我在来家里的客人们面前常常很有面子——"这画真有意思,谁画的?""我妈画的,哈哈!"

为妈妈的书写序想必是每个做儿女的无上骄傲。谢谢妈妈,在给了我生命,给了我生活的道路和理想后的很多年,又一次给了我做您儿子的幸福与骄傲。我爱您。

前言

一说起有几千年历史的几个文明古国来，还真令我奇怪：怎么都在第三世界呢？就算古希腊古罗马，如今在欧洲也比不过英法德甚至北欧诸国。看起来太早就开发了也没什么好，除了能拿出古老的物件炫耀一番外，真正过得不错的"文明古国"，除了咱中国，还真没几个了。

欧洲和北美洲不知什么原因，似乎属于地球的新生儿，那里没什么特古老的民族，也没有特古老的文化。最古老的爱琴海文化仅仅是在一些小岛上，如克里特岛。那也没埃及老，后来被希腊给继承了去。

这些地方住的人基本上都是白种人，白种人似乎有一个共同点：喜欢冒险，加上没有千年一贯的皇帝，因此想起一出是一出的性格也表现在建筑风格的不断变化上。当然，除了性格外，更重要的变化原因是社会和生产力的变化。

在 19 世纪之前，也就是人们发明机器，有了物理、化学、力学等学科之前，欧美的建筑手段比较落后，因此建筑的成就主要表现在艺术上。又因为欧洲国家长期以来政教合一，使得宗教建筑可以挥霍大量金钱，因而教堂比起任何其他建筑都显得辉煌雄伟。王权强大的国家，也有一些皇宫什么的。19 世纪以后，随着人们思想的解放和工业的发达，住宅、办公楼、剧场等各种形式的建筑多了起来，使得我们这个地球上五彩缤纷起来。

开场锣敲过，下面按时间顺序开幕了。

目录

彩图 1-1　埃及金字塔

彩图 1-2　希腊雅典卫城

彩图 1-3　巴比伦城的伊什达城门

彩图 1-4　尼尼微城

彩图 2-1　君士坦丁堡圣索菲亚大教堂

彩图 2-2　意大利威尼斯圣马可大教堂

彩图 4-1　莫斯科华西里·柏拉仁诺大教堂

彩图 4-2　油画"伊凡杀子"局部 –〔俄〕列宾

彩图 4-3　圣彼得堡基督复活大教堂

彩图 4-4　比利时安特卫普市政厅

彩图 4-5　德国新天鹅堡

彩图 4-6　印度泰姬·玛哈陵

第一章 奴隶制时代，建筑都特庞大

人类刚从猴儿变过来的时候，多半是住在山洞里，最多搭个窝棚，那都算不上是建筑。直到进步到了奴隶制社会，打了胜仗的人把别国（部落）的俘虏绑了来任意驱使。小时候看的《斯巴达克斯》就反映了希腊的奴隶主如何残酷对待奴隶，甚至为了取乐，让被俘虏而沦为奴隶的人互相杀戮。大量奴隶的出现也给大规模的建筑活动提供了劳动力和技术。

吃饱了喝足了的奴隶主们生前要请客、跳舞，死后要摆谱、祭祀，于是便指使人去设计符合他们要求的房屋，这就出现了由工匠转化成的早期建筑师。那会儿虽然没有机械化的工具，然而成千上万的奴隶的手脚和肩膀就是机械，就是工具。有设计的，有干活的，才有了大规模的建筑活动。

现在，让我们看看在这个被恩格斯称为"人类的童年"的奴隶制时代，最早的建筑师和奴隶们都建了哪些让我们至今惊诧不已的建筑呢？

1. 古埃及

古埃及是因尼罗河而兴起的国家。从地域上，可分为上埃及（尼罗河上、中游的峡谷地带）和下埃及（北部尼罗河三角洲）。

古埃及在公元前4000年后半期，逐渐形成了国家，至公元前343年为止，主要经历了古王国时期（前2686—前2181）；中王国时期（前21—前18世纪）；新王国时期（前16—前11世纪）。

古王国时期的建筑成就主要是些庞大的金字塔；中王国时期则主要是从皇帝的祀庙脱胎出来的神庙；新王国时期是古埃及历史上最强大的时期了，相当于咱们的唐朝。

由于尼罗河两岸没有大片的森林，早期埃及的房子多用芦苇。这种东西是保存不久的，住着估计也不大舒服。幸亏埃及还产石头。公元前4世纪以后，人们开始会加工石头了，埃及建筑开始用石头建造，使得我们今日看到的埃及古建筑都是石头造的。

可别以为石头建筑一定是"傻大黑粗"。在中王国时期有了青铜器，埃及人便用这些比石头还坚硬的工具在石头上刻出细致美丽的花纹。图1-1里列举的是四种柱头。仔细看这些花纹，还可以看出仿芦苇纹路的意思来呢。

图 1-1　柱头

埃及人认为，人死了之后，只要把尸体保存住，3000 年后就能在极乐世界里复活（这比咱们的"20 年后"可长多啦），因此他们的陵墓啦，木乃伊啦，都是精心打造的。当然，只有皇帝或特有钱的人才能有这待遇。图 1-2 是公元前 4 世纪的台形贵族墓。看上去有点像祭祀的大堂，除了没有窗户。

至于皇帝（法老）的陵墓，就是我们所知道的金字塔了。那个规模大的呀，不知用了多少奴隶，运了多少土来，才能用大石头块儿砌成好几个几十米高的大三角锥。底下不起眼的有些小附属物，那是

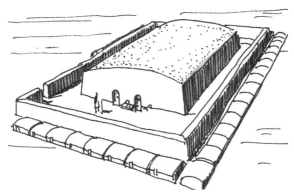

图 1-2　贵族墓

入口和祭祀的厅堂。建造这些大锥子的目的是为了显示法老的伟大。金字塔一般都建在沙漠边缘，在好几十米高的台地上。对于一望无际的沙漠来说，只有这种简洁而又高大、稳定、厚重的形状，才能站得住脚，才有纪念意义（彩图1-1）。

在这群庞然大物里，最大的一个胡夫金字塔（Khufu Pyramid）由总重230万吨的大石头块组成，每块石头有2～3吨重！高度竟达147米。把吹了气的羊皮筏绑在石块上，让石块浮起来，然后通过运河从附近的采石场运来。之后，绕着施工现场修建一圈比一圈高的水渠，把绑着羊皮筏的石块利用闸门提升上来，再去掉羊皮筏，把石块垒起来。因为用标尺把每块石头都削成53°的梯形，因此垒在一起十分牢固。当然，除了智慧，这项工程还需要大量的劳动力。

古埃及人的智慧不服不行啊！

因为不了解自然，人类总是被刮风、下雨、打雷、地震一类的现象弄得莫名其妙而且害怕。就跟孩子似的，一害怕就要找妈。古埃及人找到的最早的"妈"是太阳。你看，她不但高高在上，而且威力无穷。给太阳盖个祭祀之处，有什么事了好有地方去求她，这就是建太阳神庙的初衷。

埃及的太阳神庙建筑有两个重点：一是大门，这是群众举行宗教仪式的地方，装饰得富丽堂皇；二是大殿，这是皇帝和贵族朝拜的地方，想是求神给点特殊照顾，还不能让外人听见，幽暗威严。个别特爱不朽的皇帝还把自己的形象刻在柱子上（图1-3）。其中最大、最著名的神庙是卡纳克阿蒙神庙（图1-4）和卢克索阿蒙神庙（图1-5）。这俩神庙都是满满的一屋子大粗柱子，让你身处其间，被挤得都喘不过气来。用这样密集的柱子，一方面是因为上头的大梁也

图 1-3　某皇上的雕像

是石头的，跨度不可能大，主要还是为了要营造一种神秘、压抑的气氛，让你对神生出无限的敬畏来。

卡纳克的阿蒙神庙是在很长时间陆续建造起来的，总长 336 米，宽 110 米。前后一共造了六道大门，而以第一道为最高大，它高 43.5 米，宽 113 米。主神殿是一个柱子林立的柱厅，宽 103 米，进深 52 米，面积达 5000 平方米，内有 16 列共 134 根高大的石柱。中间两排 12 根柱高 21 米，直径 3.6 米，支撑着当中的平屋顶，两旁柱子较矮，高 13 米，直径 2.7 米。殿内石柱如林，仅以中部与两旁屋面高差形成的高侧窗采光，光线阴暗，有种神秘压抑的气氛。

图 1-4 卡纳克阿蒙神庙

图 1-5 卢克索阿蒙神庙

在这两个庞大的神庙之间，有一条1公里长的石板大道，两侧排列着狮身人面的石雕（图1-6），跟咱们明十三陵的神道似的，很是壮观。石板路面上还夹杂着一些包着金箔或银箔的石板，闪闪发光。这些形象都使人的精神在物质的重量下感到压抑，而这些压抑之感正是崇拜的起始点，这也就是卡纳克阿蒙神庙艺术构思的基点。

图1-6　狮身人面大道

2. 古印度

印度是世界上较早出现文明的地区之一。而印度河是古印度文明的发源地。其历史可分为五个阶段。①古印度时代。②吠陀时代：约前14世纪，最初居住在南俄草原中的雅利安人的一支进入南亚次大陆，在文化上与当地人结合，创造出吠陀文化。③列国时代：公元前3世纪中叶，孔雀王朝国王阿育王统一印度半岛，在他之后，印度就进入了一个长期的列国的时代。④莫卧儿王朝：公元 8 世纪，阿拉伯帝国开始入侵印度，引进了伊斯兰文化，并最终建立了莫卧儿帝国。⑤近代印度：15 世纪末，西方殖民者统治了印度，直到 1947 年独立。

第一阶段，古印度时代：公元前 3000 年的时候，印度就出现了摩亨佐·达罗和哈拉帕这两座宏伟的大都市。特别是摩亨佐·达罗城，从现存遗址来看，显然曾经经过严格的规划：全城分成上城和下城两个部分，上城住祭司、贵族，下城住平民；城市的街道很宽阔，拥有很完整的下水道；城里有各种建筑，包括宫殿、公共浴场、祭祀厅、住宅、粮仓等。在那么早的时间就拥有如此成熟的城市，实在令人惊叹。

第二阶段，吠陀时代。这一阶段除了经书，几乎没留下什么建筑物。

第三阶段，列国时代。主要是孔雀王朝阿育王时代。这一阶段大量遗留下来的主要是窣堵波（图 1-7）、石窟、佛祖塔（图 1-8）等佛教建筑。窣堵波是一种用来埋葬佛骨的半球形建筑，最大的一个是位于印度中央邦首府博帕尔附近的桑奇，这个桑奇大塔约建于公元前 250 年。不过那时候塔比较小，体积仅及现有大小的一半。公元前 2 世纪中叶的巽伽王朝时代，由当地富商资助的一个僧团对桑奇大塔进行了扩建，使之具有现在的规模。公元前 1 世纪晚期至公元 1 世纪初，安达罗（萨塔瓦哈纳）王朝时代，又在大塔围栏四方依次陆续建造了南、北、东、西 4 座砂石的塔门。整个桑奇大塔往往被解释成宇宙的象征。

在相传为佛祖释迦牟尼悟道的地方——菩提迦耶建有一座庙和一座塔。据说当年佛陀历经六年苦行之后行到这里，在一棵菩提树下悟道。250 年后，孔雀王朝的阿育王来此朝圣，并下令建塔，即佛祖塔。

图 1-7 桑奇大塔（窣堵波）

图 1-8 佛祖塔

此塔始建于公元 2 世纪。13 世纪伊斯兰军团大举进攻印度时，佛教徒们用泥土把塔埋了起来，伪装成一座小山，躲过一劫。1870 年被挖出来重新整修。

佛祖塔为金刚宝座塔，在方形台基中央有一个高大的方锥体，四角有四座式样相同的小塔，衬托出主体的雕佛。塔身轮廓为弧形，由下至上逐渐收缩，表面布满雕刻。

第四、第五阶段咱们待会儿再说。

3. 古希腊

古希腊文明来自于爱琴海的克里特岛。公元前 1700—公元前 1400 年，克里特文明发展到它的全盛时期。20 世纪初年，英国考古学家伊文思发掘克里特岛古城诺萨斯，米诺斯王宫等重要遗址就是证明。不久克里特人突然衰退，爱琴文明的中心转移到希腊半岛的迈锡尼。主要包括米诺斯文明和迈锡尼文明两大阶段，前后相继。有兴旺的农业和海上贸易，宫室建筑及绘画艺术均很发达，是世界古代文明的一个重要代表。

公元前 8 世纪，在巴尔干半岛、小亚细亚西岸和爱琴海的一些岛上，建立了好些小国，它们被统一地称之为古希腊。别看它们没统一成一个国家，但论起对欧洲文化、欧洲建筑的贡献，那可是称之为摇篮的。欧洲的文明就是从这个大摇篮里摇出来的。

古希腊人是泛神论者。他们信奉的神太多了。我们听说的就有天神宙斯、海神波塞冬和冥间神哈迪斯，还有太阳神阿波罗啦，智慧女神雅典娜等。还有一位爱神丘比特，也不知算不算。因此各类神庙是古希腊建筑里最多，也最值得称道的。

图 1-9 是公元前 6 世纪古希腊人在小亚细亚建立的大城市以弗所
（Efes）的阿丹密斯庙。这个庙的立面有粗大挺拔的柱子、三角形
的山花。后来成了祖师爷级的建筑物了，古代欧洲的大部分庙，都
是跟它学的。

由于庙宇或别的什么性质建筑的功能各不相同，可大体的结构总是
密密麻麻的大柱子，怎么让它们的区别一目了然呢？古希腊人想出
了用不同的柱头来解决这个问题。这就好像咱们人的身子、胳膊、
腿都差不太多，最不同的就是脸了。两人一见面，绝不会看脚丫子
或胳膊来确认谁是谁，而是看脸。柱头，就是建筑的脸。

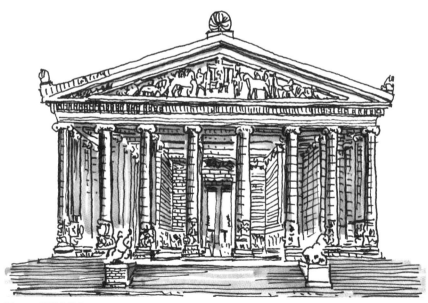

图 1-9　阿丹密斯庙

在阿丹密斯庙上所用的柱头还不是很规范化。自此以后，建筑师们慢慢完善了柱头的形式（图 1-10）。这些柱头在以后世界各地都被广泛应用，因此咱们看着应该挺眼熟的。

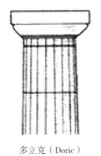  

图 1-10
柱式 　　　　　多立克（Doric）　　　　爱奥尼（Ionic）　　　科林斯（Corinthian）

这三种柱式非但是柱头大不相同，而且柱身的长细比也不同。多立克式的最为粗壮（柱径：高度=1：5.5），表现的是孔武有力的男人，常用在纪念性建筑上。爱奥尼式比多立克式苗条些（柱径：高度=1：9），象征的是女人。这种柱头有两个精巧柔和的涡卷，常用在文艺性建筑，如剧院、礼堂等处。科林斯式的柱头用了忍冬草的叶片，柱身比例同爱奥尼式，但看着花哨多了，也多用在歌剧院等文艺性建筑上。

我们清华大学大礼堂的柱子用的就是爱奥尼式。记得刚上大学时上建筑渲染课，水墨渲染画的就是爱奥尼的涡卷。那种墨笔游走于漩涡之间的快感，至今记忆犹新。

公元前5世纪（相当于咱们的春秋战国），希腊的经济已经挺发达了，文化也达到了前所未有的高水平。著名的雅典卫城（图 1-11）就是这会儿建成的。

作为希腊若干小国的盟主，雅典显得特重要，也特有钱。有了钱就得嘚瑟，于是就大兴土木，建了雅典卫城。

卫城的名字是怎么来的呢？在古希腊传说里是这么说的：智慧女神雅典娜希望以自己的名字命名，而海神波塞冬也要争冠名权。俩神为此打了起来。后来，万神的头儿宙斯出面调停。他让雅典娜和波塞冬各送给人类一件东西，谁给的最有用，就用谁的名字。

波塞冬用他那巨大的"方天画戟"从岩石里戳出一匹战马来，让人骑着它去打仗；雅典娜则用她的长矛在石头上杵了个洞，洞里长出一棵橄榄树来。人们都欢迎这个象征和平和丰收的树。于是，宙斯判定用雅典这个名字称呼卫城（彩图 1-2）。

现如今旅游的人去希腊雅典而不去雅典卫城的，就好像来中国北京不去故宫一样。

雅典卫城里最大、最重要的建筑物是帕提农神庙（图 1-12），也叫雅典娜神殿。为了突出，把它放在了卫城的最高处，从哪儿都能看见的位置。这个巨大的白色大理石建筑有 8×17=136 个多立克式的柱子和巨大的三角形山花。东面的山花上雕刻着雅典娜诞生的场景，西面的雕刻是雅典娜和波塞冬争夺冠名权的故事。

雅典卫城建于公元前 5 世纪。风雨飘摇了 2500 年，大多数建筑物早已不存。我 10 年前去的时候，只有没了顶子的帕提农神庙还矗立在高岗之上。雅典娜像早就没影了，伊瑞克提翁神庙的美女柱子已是复制品，原物里有五个在卫城博物馆，一个在大英帝国博物馆。

要说人家英国人真是好心，替全世界各国收藏着人家的艺术精品。

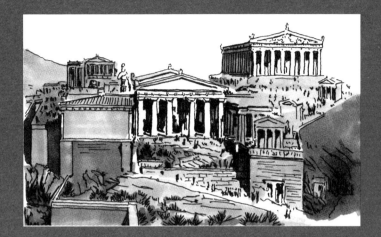

图 1-11
雅典卫城复原图

图 1-12
如今的帕提农神庙

4. 古罗马

公元前 5 世纪，原来只是意大利的一个小国的罗马实行原始共和以后，大大强盛起来。公元前 3 世纪，它以蛇吞象的气魄吞并了整个意大利半岛，之后又打下希腊、叙利亚、西班牙乃至部分埃及。到了公元前 1 世纪，它统治了欧洲南部到土耳其半岛、北非的大片地方。希腊、埃及本来文明程度已经处于世界领先地位了，只不过军力不行，败在了人家手下。于是他们的工匠乃至建筑师都成了供罗马人驱使的奴隶。有技术，有劳动力，令罗马建筑达到了前所未有的高峰。

罗马时期在建筑技术方面的成果主要的是混凝土和拱券结构。那么，它的混凝土是怎么来的呢？原来意大利有的是取之不尽、用之不竭的火山灰。罗马人偶然发现，火山灰加上石灰末，再混进一些小石头子儿，弄些水和成泥，在凝固之前的形状是可塑的，等凝固了以后竟然如石头般坚硬。这比一斧子一斧子的凿石头可方便多了，而且比采石头还便宜。还有一点：用石头砌筑墙体，尤其是拱券，那是需要高技术的，而往模子里铲混凝土，是个人就会干，因此可以大量使用奴隶而大大提高了施工速度。

有了拱券结构，高大建筑开始一个又一个地迅速拔地而起。让我们先看看一个拱券结构的单元，再看凯旋门和罗马大斗兽场，就明白多了。

图 1-13　拱券结构的单元

图 1-13 所示为典型的拱券结构的单元。

上面说过，罗马在公元前 5—前 1 世纪，征服了周边大片土地。打胜仗的将军们要炫耀自己的功绩，于是出现了凯旋门这样一种建筑物。它的典型长相是：几乎正方形的立面，三开间的券柱式门洞，中间大两边小。高基座，高女儿墙。讲究些的，女儿墙上还有青铜雕的战马、人物什么的。门洞两侧必有主题浮雕。其代表作是建于公元 315 年的罗马城里的君士坦丁凯旋门（Arch of Constantine）（图 1-14）。

不难发现，后来的许多凯旋门，包括著名的巴黎凯旋门，都是它的孙子辈乃至重孙子辈。巴黎的这个漂亮的"重孙子"，容当后表。

图 1-15 所示的这个椭圆形的大玩意儿想必大家都认识，如今是去欧洲旅游必去的地方。它看上去安详而庞大。可是在罗马帝国的末期，嗜血成性的奴

图 1-14　君士坦丁凯旋门

隶主们自己已经不上战场厮杀了，却喜欢看人跟人你死我活的打斗。为此，建了斗兽场这种怪物。在公元前100—公元100年这200年里，这样的东西可能建了不止一个。罗马的这一个是规模最大、结构体系最强、保存最完好的一个了。

罗马斗兽场（Colosseum），由韦斯马列西亚诺皇帝始建于公元72年，而由他的儿子完成于公元82年。工期才10年啊！难以置信。斗兽场的整体结构有点像今天的体育场，或许现代体育场的设计思想就是源于古罗马的斗兽场。

斗兽场的平面呈椭圆形，长直径187米，短直径155米。从外围看，整个建筑分为四层，底部三层为券柱式建筑，每层80个拱券。第四层是实墙，但有壁柱装饰。

斗兽场内部的看台，由低到高分为四组，观众的席位按等级尊卑地位之差别分区。

这一时期罗马令人称道的还有一个建筑，就是罗马万神庙（图1-16）。

古罗马人和古希腊人在信仰上有一个共同点，就是信仰住在奥林匹斯山上的、以宙斯为首的一大批神，多少个没统计过，就统称万神啦。

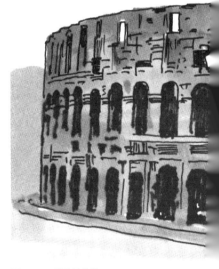

图1-15　罗马斗兽场

最初的万神庙兴建于公元前 27 年，可是公元 80 年被大火给烧没了。公元 120 年，罗马皇帝哈德良下令重修。

公元 120 年建的这个万神庙比它的老前辈棒多了。首先，结构先进了。平面采用了用厚墙围成的外径 65 米的正圆形，墙有多厚呢？6.2 米！当然了，跟咱们 20 米厚的北京城墙比，那还是太薄啦。到了上面（大约 30 多米高处），开始收屋顶。这个巨大的穹顶直径有 43.4 米。顶部距地也是 43.4 米（怎么凑的！）。这么大的个大脑袋，就算古代有混凝土，底下的墙是怎么扛的呀？外国古人也挺聪明的。他们用的混凝土骨料，下头是重的石头子儿，上头则用很轻的浮石（火山的碎渣）。而且穹顶的厚度也是越往上越薄。到了最上面，还开了个直径近乎 9 米的大窟窿。一来呢，是为了采光，二来也是为减轻重量。只是不知道当初没玻璃时下雨怎么办？看来只好在屋里打伞了。

万神庙的里外都用了颜色鲜艳的石材。外头的柱子是整块的深红色埃及花岗石，而柱子、山花用希腊的白色大理石。里面的天花板则是铜包金的。

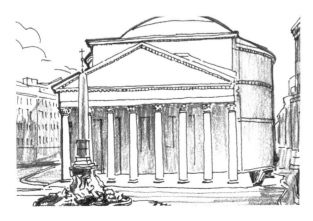

图 1-16
罗马万神庙

可惜，17 世纪的教皇巴贝里尼为了修建圣彼得大教堂，把天花板给拆了，为了修祭坛还把铜啦金铂啦的都给化了。唉！败家子哪儿都有啊。以至于拉丁语里有句谚语："巴巴里（野蛮人的意思）没做的事，巴贝里尼做了。"说的就是这事。

无论如何，万神庙是古罗马时期建筑艺术的结晶，对整个西方的影响是极大的。只看文艺复兴时期欧洲的许多建筑，乃至美国弗吉尼亚大学的圆形大厅、哥伦比亚大学图书馆、杰斐逊纪念馆、澳大利亚墨尔本的州立图书馆，甚至咱们中国的清华大学大礼堂，都能看到万神庙的影子。

5. 玛雅文化

玛雅（Maya）文化是世界重要的古文化之一，是美洲非常重要的古典文化。玛雅文化孕育、兴起、发展于今墨西哥的尤卡坦半岛、恰帕斯和塔帕斯科两州和中美洲的一部分，包括危地马拉、洪都拉斯、萨尔瓦多和伯利兹，总面积为 32.4 万平方公里。玛雅文化流行地区的人口最高峰达 1400 万人。玛雅文化是丛林文化。虽然处于新石器时代，可在天文学、数学、农业、艺术及文字等方面都有极高成就。咱们这里就只谈建筑吧。

玛雅人认为（其实也是）人的生与死如同朝露般短暂。每隔 52 年，新的轮回开始，所有的建筑将被覆盖、重新建造。因此除了金字塔，没留下什么建筑物。

奇琴伊察是古玛雅城市遗址，位于墨西哥尤卡坦州中东部。南北长3 公里，东西宽 2 公里，有建筑物数百座，是古玛雅文化和托尔特克文化的遗址。"奇琴"意为"井口"，天然井为建城的基础。现有公路把它分为两半。南侧老奇琴伊察建于公元7—10世纪，具有玛雅文化特色，有金字塔神庙、柱厅殿堂、球场、市场和天文观象台，以石雕刻装饰为主；北侧新奇琴伊察为灰色建筑物，具有托尔特克文化特色，有库库尔坎金字塔、勇士庙等，以朴素的线条装饰和羽蛇神灰泥雕刻为主。

奇琴伊察的库库尔坎金字塔（图1-17）超过了蒂卡尔和其他城市的金字塔。库库尔坎金字塔塔底呈正方形，高30米，塔身分9层，每层有91级宽阔的石阶。四周台阶总和为364级，若把塔顶神庙算一级，共365级，代表一年的天数。神庙高6米，呈正方形。金字塔正面的底部雕刻着羽蛇头，高1.43米、长1.87米、宽1.07米。每逢春

图1-17 库库尔坎金字塔

分和秋分的下午三点钟，西边的太阳把边墙的棱角光影投射在北石阶的边墙上，整个塔身，从上到下，直到蛇头，起起伏伏，犹如一条巨蛇从塔顶向大地爬行。这个金字塔是为适应宗教和农业的需要，经过精密设计和计算建造的。

天文观象台（图 1–18），是一个圆形的建筑，高 22.5 米，整个塔像一个蜗牛壳。塔内有螺旋式楼梯通向塔顶的观象台。塔壁上开有精心设计的 8 个窗口，由此观察天象。奇琴伊察城中还建有规模庞大的古建筑群，包括"总督府""修女宫""勇士庙""虎庙"及庞大的金字塔。建筑物的外墙、门框、石楣上都布满了精雕细凿的羽蛇浮雕，其用料之细、形象之华美和匀称，超过南部玛雅文化的建筑。

图 1–18　奇琴伊察古观象台

6. 两河流域

学历史时我们都知道有个巴比伦，那里有两条河——幼发拉底河与底格里斯河。这两条河冲出来一个富饶的平原——美索不达米亚平原，还繁衍出人类最早的国家、最早的文明。我们如今使用的一年12个月、一年365天（那会儿的年历比现在短，354天）、一小时60分钟，还有加减乘除的运算、圆分成360度等，都是那帮人弄出来的。不佩服不行啊。

公元前4000年，那里就有一大群小国了。公元前19世纪，阿摩利人的一个部落建立了巴比伦王国。后来被灭，公元前600年，它又冒出来了，并创造了辉煌的文化，其中包括建筑。后来经过无数次的打仗，当初的巴比伦人大多数都早不知跑哪儿去了。在现在的伊拉克、科威特，还有伊朗，就在古人的废墟里继续生活着，闹腾着。

这个两河流域没长什么有用的树木，净长些芦苇。早期的房子就是把芦苇编成片，再糊上泥巴。能弄出土坯来盖房子，就算不错了。可泥巴土坯禁不住暴雨侵蚀，为此，从公元前4000年开始，人们就烧制了一些陶的钉子，趁土坯还没太干时，把五颜六色的陶钉子按进去，形成了各色图案。当然啦，这种装饰仅用在重要建筑上。后来陶钉又发展成了陶片，即琉璃砖。较典型的是新巴比伦城的伊什达城门（彩图1-3）。要说明的是，原件早没了，这一个是在柏林的一个博物馆里仿建的。

公元前11世纪，在这里还有一个强大的帝国——亚述帝国。尼尼微是亚述的首都。尼尼微在哪里呢？就是如今伊拉克北部的重镇摩苏尔。听着就耳熟能详，想着就炮火连天。可想而知，什么古迹都难以保存下来喽。不过，这里还有一些当年亚述人的后代，他们甚至还用着古老的阿拉米语。

当年，尼尼微曾是世界上最大的城市，它的城墙有三公里长。1847年，英国考古学家莱亚德在那里挖掘出了尼尼微城遗址，并发现了亚述王的宫殿。彩图 1-4 是人们根据描述所建的复原城。他们甚至还发现了一块浮雕，上面刻的是御驾亲征的国王正坐在宝座上，战俘从他面前走过。在他的头顶上有一行字："世界的王亚述国王西拿基立坐在尼米杜宝座上，检阅从拉吉的战利品。"

7. 古日本

日本在中国的东边，其领土是一系列不大稳定的岛（因火山、地震频发）。比较大的是北海道、本州、四国、九州四个大岛，还有7200 多个芝麻粒大小的岛。

说日本为"古"，有点可笑。直到公元 7 世纪后半叶，日本遣唐使根据中国皇帝国书中的称呼，才将其国名改称为"日本"，意为"太阳升起的地方"，一直沿用至今。

日本岛上的人呢，据我推测都是附近的渔民因为遇到风暴或什么原因流落到岛上，就此繁衍生息下来的。

如果细分的话，日本民族主要是由西伯利亚通古斯人、古代中国汉族、古代中国南方沿海渔民和少量的长江下游的吴越人、少量南洋群岛的马来人以及中南半岛的印支人融合而来。这里面，"古代中国汉族"里部分人是秦始皇二十八年（公元前 219 年）去的。

秦始皇这位一心想传位万世的皇帝在海上巡游时，他的御医、原齐国人徐福上书，说是海中有"三神山"，估计徐福是想假公济私地去旅游。不料这么一说，秦始皇还真同意了。于是，秦始皇便"发童男女数千，入海求仙道"。徐福乐不可支地带队出发了。好在也不算太远，弄几个船，支起帆来，顺风顺水的没几天就到了（图1-19）。

徐福首次渡海的出发地，是山东半岛南端的琅琊。琅琊古时候是一个港口。徐福的船队先是到了朝鲜半岛，而后顺半岛沿岸航行，经过对马岛到达日本九州。

不久，徐福又想去外面逛逛时，就号称仙人索取"百工之事"，遂"资之五谷种种百工而行"。由此我们得知徐福二渡日本，带去了古代中国的"百工之事"，如汉字、中草药和水稻种植等许多文化和科学技术及一些工匠。

话扯得有点远了。咱们还是三句话不离本行，说说日本的"古"建筑吧。

日本大部分地区气候温和，雨量充沛，盛产木材。因此，木架草顶是日本建筑的传统形式。连他们穿的鞋，其实就是趿拉板儿，都是木头的。一般的房屋采用开敞式布局，地板架空，出檐深远。柱梁壁板等都不施油漆。室内木地板上铺设垫层，通常用草席做成，称为"叠"（汉语译成榻榻米），坐卧起居都是盘着腿坐在上面。2015年我们去奈良时还担心旅馆里是不是没有床，得躺地上。幸亏这种担心是多余的。

图 1-19
秦始皇送徐福
东渡日本

图1-20　合掌造

木头的民居典型的叫合掌造(图1-20)。这是一种日本特有的民宅形式，其特色是以茅草覆盖的屋顶，呈人字形的屋顶如同双手合十一般，因此得名。合掌造在兴建的过程中完全不用钉子，但仍然十分牢固。合掌造的屋顶十分陡峭，这是让积雪容易滑落的好办法。合掌造每隔三四十年就必须更换老朽的屋顶茅草。更换茅草需要大量人力，故每次有哪一家人的屋顶需要翻修，全村的人就会同心协力一起完成。

其实咱们汉人的祖先也是坐在席子上的。跟谁掰了，说是"割席断交"。可咱们的祖宗早就认为这个姿势有碍腿部生长。从南北朝起，就引进了胡人的小凳子"马扎"，听这名字就是骑马民族的物件。汉人图舒服，给马扎加了靠背扶手。后来，到了宋朝，人们还嫌腿窝得慌，就把它增高至如今的椅子。可惜日本人跟中国来往密切得太早了，椅子之类的东西没能学了去，弄得很长时间以来他们都罗圈腿且长不高，不能不说是一大失策。

钦明天皇在位（539—571）时，随着中国文化的影响和佛教传入，日本建筑开始采用瓦屋面、石台基、朱白相映的色彩以及有举架和翼角的屋顶。出现了宏伟庄严的佛寺、塔和宫室，住宅和神社的建筑式样也发生变化。

日本建筑的发展主要经历了飞鸟时代（593—710）、奈良时代（710—794）、平安时代（794—1192）、幕府时代（1192—1868）、明治维新以后、二战以后等六个时期。称得上"古"建筑的，也就是飞鸟、奈良时代造的了。

飞鸟时代，日本初步形成了奴隶制，首次拥有了神社这种特定的建筑物。神社的入口前有一构筑物叫鸟居（图1-21）。鸟居吸收了中国牌坊的形式，左右立两根木柱，上方横一根笠木。神社以此为标志进入神社境界。

早期神社的平面和外观都比较简单，用木板墙，下部架空，双坡木架草顶，屋面不抬举，也不施色彩和雕饰。常见的有两种基本式样。一种称为"大社造"，以岛根县出云大社为代表（图1-22）。现存社屋是1744年重建的，平面呈方形，悬山式屋顶，山墙面开门，室内有一根中心柱。出云大社拥有规模宏大的古殿建筑，其正殿高24米，除规模远远大于伊势神宫内宫的正殿以外，其最重要的特征在于入口设在山墙一侧，这种形式的建筑物，是日本古代贵族大家的豪宅式样。

图1-21　神社前的鸟居

图 1-22　岛根县出云大社

另一种称为"神明造"，以伊势神宫为代表（图 1-23）。伊势神宫
位于日本三重县伊势市的神社，主要由内宫（皇大神宫）和外宫（丰
受大神宫）构成。伊势神宫的创建时间不晚于持统天皇四年（690 年），
日本史学界一般认为创建于天武天皇时期。伊势神宫的建筑样式来
源于日本弥生时代的米仓。其特点是社屋三开间，正面明间开门，
屋顶也是悬山式。

至于佛寺建筑，凡属飞鸟时代的佛寺建筑，反映的是中国南北朝后
期特点。如大阪四天王寺（图 1-24）中院内中轴线上，前为塔、后
为金堂（佛殿）和讲堂，为佛寺主体的早期布局。奈良法隆寺中院
内金堂和五重塔东西并列，只中门在中轴线上。

四天王寺是公元 593 年由圣德太子所建立的日本佛教最早的寺院，因此它也是日本最古老的官家寺院。它不仅仅作为佛界守护、镇护国家的寺院而成为政治外交的中枢，而且还是美术工艺产业等日本文化的发源地。以后将中门、五重塔、金堂、讲堂等呈一条直线排列，外部则由回廊环绕的建筑模式称为"四天王寺式"，其模式来源应为中国和朝鲜半岛。

奈良时代，城市开始有模样了。平城京（图 1-25）位于奈良盆地北部，东西 4.2 公里，南北 4.8 公里，面积 20.2 平方公里，约为唐长安城的四分之一。自公元 710 年建都起，这里当了 75 年的"国都"，是日本吸收唐长安、洛阳规划并结合自己实际情况所建的一个小都城。

图 1-23
伊势神宫

图 1-24
大阪四天王寺

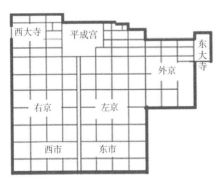

图 1-25
平城京平面图

平城京布置采用长安城的模式，把宫城建在城区中轴线上的北端，宫南建主街朱雀大路，宽 72 米，南抵南面的城门罗城门。朱雀大路两侧对称地各辟三条南北小街，八条东西小街，各划分为 36 个小格，除了外京，全城共分 72 格。格间小街宽约 24 米。

奈良时代的建筑，反映的是中国初唐、盛唐特点。各寺都有中院，由中门和回廊围成矩形院落。奈良时代佛寺中，中院内正中为金堂，塔不再布置在中轴线上。如奈良药师寺（图1-26、图1-27），中院内金堂在中轴线上，其前方左右分别建东塔和西塔，塔明显退居次要地位；奈良东大寺则干脆把塔迁出中院，布置在其前方两侧，各建东、西塔院，中院只建佛殿。这种以殿为主体的布局应是中国唐代佛塔布局的通式。

说实话，我一看这个药师寺的八角亭就觉得眼熟。仔细一想，它简直就是沈阳故宫里的皇亭。也难怪，日本人和满人的老师是同一个嘛。

奈良虽是一个只有38万人口的城市，但其中却有7个被列为世界文化遗产的历史建筑。

图1-26 奈良药师寺

图1-27 寺内佛像

走遍奈良，到处可见中国唐代的风景和建筑，其中最著名的要算奈良的东大寺了（图 1-28）。东大寺是公元 728 年由信奉佛教的圣武天皇建立的。东大寺是全国 68 所国分寺的总寺院。因为建在首都平城京以东，所以被称作东大寺，又称大华严寺、金色光明四大天王护国寺。另外有西大寺。

东大寺大佛殿，正面宽度 57 米，深 50 米，为世界最大的木造建筑。大佛殿内，放置着高 15 米以上的大佛像卢舍那佛。不过这位卢舍那佛黑不溜秋的，远不如洛阳龙门石窟里的那位漂亮。东大寺院内还有南大门、二月堂、三月堂、正仓院等。南大门有很著名的双体金刚力士像。二月堂能够俯视大佛殿和眺望奈良市区。

奈良郊外的法隆寺也是那一时代的重要建筑。法隆寺又称斑鸠寺，位于日本奈良县生驹郡斑鸠町，是圣德太子于飞鸟时代建造的佛教木结构寺院，据传始建于公元 607 年。

法隆寺占地面积约 19 公顷，分为东西两院，西院伽蓝有金堂、五重塔、山门、回廊等木造结构建筑。伽蓝是现存最古的木构建筑群。东院建有梦殿等。法隆寺被称为飞鸟样式的代表。

西院的金堂（图 1-29）、五重塔、中门、回廊是公元 7 世纪后半叶再建，是世界现存最古老的木构建筑群。

主要建筑金堂，重檐歇山顶佛堂。其实上层并没有房间，将屋顶设为二重是为了外观的气派。支撑第二重屋檐的四方雕刻有龙的柱子，这是为了强化建筑构造在镰仓时代修理时附加的。

法隆寺中的五重塔类似楼阁式塔，但塔内没有楼板，平面呈方形，塔高 31.5 米，塔刹约占 1/3 高，上有九个相轮。是日本最古老的塔。

图 1-28　奈良东大寺

图 1-29　法隆寺金堂

唐招提寺也是著名古寺院，位于日本奈良市西京五条街，公元 759 年中国唐朝高僧鉴真第 6 次东渡日本后所建。最盛时曾有僧徒 3000 人。有金堂、讲堂、经藏、宝藏以及礼堂、鼓楼等建筑物。其中金堂最大，以建筑精美著称，内有鉴真大师坐像。金堂、经藏、鼓楼、鉴真像等被誉为国宝。国内外旅游者众多。

这里要特别提一提日本的园林。

日本园林是非常有代表性的日本古代建筑类型之一。日本园林在结合了中国盛唐与宋时期特色的同时，因自身的自然条件与文化背景，也形成了自己的独特风格。其中最具代表性的枯山水，是日本特有的造园手法，体现日本园林的精华（图 1-30）。

图 1-30 枯山水园林

枯山水一般是指由细沙碎石铺地，再加上一些叠放有致的石组所构成的缩微式园林景观，偶尔也包含苔藓、草坪或其他自然元素。枯山水中的所谓 "水" 通常由砂石表现，而 "山" 通常用石块表现。有时也会在沙子的表面画上纹路来表现水的流动。人不能进入庭院，只可以从旁观赏。这些石头和砂子表现了宗教的种种象征寓意。譬如：达摩石为达摩面壁的象征，佛盆石寓意佛说法的故事，桥石则寓意于心往彼岸世界的接引桥，等等。因此，枯山水常被认为是日本僧侣用于冥想的辅助工具，所以几乎不使用开花植物，以造成静心修行的环境。

其理念是没有生，也就没有死。

再有一种在日本盛行的建筑是茶室。

茶室是为欣赏茶道而建的建筑物,是日本最有特色的建筑类型之一。日本僧人最澄和尚还将从唐朝带回的茶籽种在了近江坂本的日吉神社旁，成为今天日本最古老的茶园，供后人凭吊。

茶室一般与野趣庭园相连，野趣庭园就称"茶庭"。茶室为茶庭主体建筑，置于茶庭最后部，到达茶室须经过朴素露地门，主人与客人在腰挂处等待见面，显出主人诚意，而客人须经厕所净身、蹲踞或洗手钵净手,经曲折铺满松针的点石道路到达茶室，在室外脱鞋、挂刀折腰躬身方能入茶室进行饮茶。茶室建筑的代表风格为草庵风（图 1-31）。

图 1-31　草庵风茶社

第二章 欧洲中世纪，一片黑暗之中的闪光点

所谓的欧洲中世纪，是指从公元 4 世纪罗马帝国灭亡到 15 世纪文艺复兴的这段长达一千年的时期。这一时期，教会统治了欧洲，古代希腊和罗马遗留下来的文化被教会认为是世俗的、罪恶的而惨遭破坏。这一时期的建筑，多半是教堂；文化，多半是圣经；国家，多半是些四分五裂的小农业国。就连占统治地位的基督教也在长期的互相杀戮后分裂成了西欧的天主教和东欧的东正教。

1. 东罗马帝国——拜占庭

罗马帝国最后一个统治者叫戴克里先。戴克里先执政后也不知怎么忽然没了自信心，觉得他一个人不可能对付奴隶起义及外族入侵，因此委托好友马克西米安治理帝国的西半部。这样一来，罗马帝国成了一国两君，一切命令都以两人的名义发出。后来，他们又各自弄了个副手。从此，这四个人分别治理帝国的一部分，历史上称为"四帝共治制"。戴克里先退位后，继承帝位的是君士坦丁。公元 330 年，君士坦丁把首都迁到拜占庭，定名君士坦丁堡，号称"新罗马"，为东西分治创造了条件。

公元 395 年，罗马帝国终于分裂为东西两部，即以君士坦丁堡为首都的东罗马帝国和以罗马城为首都的西罗马帝国。

从图 2-1 可以看出，东罗马帝国占据了几乎整个的意大利、整个的希腊、整个的土耳其，多半个埃及、北非和西班牙的边角。真叫不小啊！而且都是些文明高度发达之古国的故土。

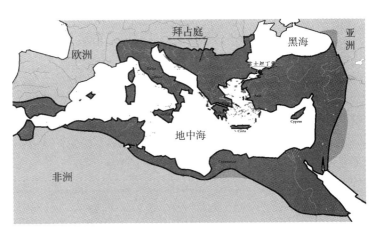

图 2-1
东罗马帝国（拜占庭）版图

东罗马帝国起始的年代，历来都是历史学家争论的课题。因为当时并没有一个人宣布"东罗马帝国成立"，人家自己还称自己为"罗马帝国"。只不过是学者们为了跟老的罗马帝国有所区分，而想出来的称谓罢了。大部分学者认为公元330年，即君士坦丁大帝（图2-2）建立新罗马，国家中心东移是东罗马帝国成立的标志。

东罗马帝国以新罗马为首都。所谓的新罗马，跟意大利的那个我们熟知的罗马可不是一回事。它在如今的土耳其的君士坦丁堡。这是因为东罗马帝国的疆土有近乎一半在东边，首都也要东移了。

在公元5—6世纪时，东罗马帝国可是个世界性的大帝国。不但大，而且强盛。这得益于君士坦丁一世的强大。

图 2-2
君士坦丁大帝
雕像

君士坦丁一世制定的一些法规，如屠夫和面包师为世袭职业，禁止佃农离开租种的土地。这些政策使得东罗马帝国保持了 200 年的繁荣。看起来从古至今，领头的好，国家就好，哪里都一样啊！

由于君士坦丁皈依了基督教（他是第一个信奉基督教的皇帝），使得本来受迫害的基督教在 100 年之内成了在东罗马帝国，继而在整个欧洲占支配地位的宗教，造成了近 1000 年的宗教战争不断，因而百姓陷入苦难的"黑暗的欧洲中世纪"。这可能是他没有想到的结果吧。

在君士坦丁时代，国家大权还掌握在皇帝手里，因此，建筑活动主要是适应皇族和贵族的世俗生活。也就是说，建筑以满足吃喝坑乐和祭祀为主。出现了大量的城市、道路、宫殿、跑马场和东正教教堂。其中最值得称道的是君士坦丁堡的圣索菲亚大教堂（彩图 2-1）。这个教堂之所以雄伟异常，是因为吸收和发展了穹顶技术。由于东正教不太重视圣坛上的仪式，而主张教徒之间的亲密交流，因此教堂内部有一个很大的空间。

让我们先从圣索菲亚大教堂的平面看起（图 2-3）。

从这张平面图里，我们可以看出两点：一是有四个大厚墙墩托住上面的穹顶；二是人们聚会的中央大厅远远大于供耶稣的圣坛。这跟以后我们要讲到西欧的巴西利卡十字形教堂平面是完全不同的。

教堂内一共使用了 107 根柱子，柱头大多采用华丽的科林斯柱式，柱身上还增加了金属环扣以防止开裂。与主要使用大理石的希腊建筑以及主要使用混凝土的罗马建筑不同的是，圣索菲亚大教堂的主要建筑材料为砖头。

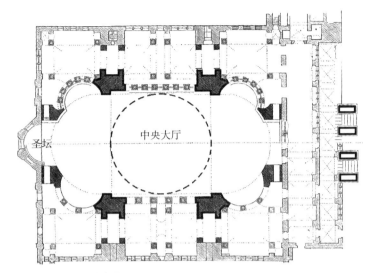

图 2-3 圣索菲亚大教堂平面

室内地面铺上了多色大理石、绿白带紫的斑岩以及金色的镶嵌画，使整个室内看起来十分明亮，这跟以后的天主教堂阴暗的室内效果大不一样。

在圣索菲亚大教堂之后，公元 6 世纪统治拜占庭的皇帝查士丁尼一心想要建一个从东到西的大罗马帝国。长期的战争消耗了大量国力，从此，拜占庭再也没能有什么像样的建筑了。几次的十字军东征又雪上加霜地给它造成了毁灭性的打击。后来在蒙古人的横扫之下，东罗马帝国就更加不堪了。终于在 15 世纪时被一个小国鄂图曼攻陷，末代皇帝君士坦丁十一世战死，东罗马帝国正式灭亡。

2. 西欧上演多国演义

现在，咱们回过头来看看西欧的情况吧。

从东罗马帝国的地图（图 2-1），我们不难看出，除了法国、多半个西班牙和当时还是土得掉渣的德国等之外，东罗马帝国给西欧就没剩什么跟文明古国沾边的好地方了。这些本来就不咋地的地方还曾经被当时更加没文化的民族入侵多年，形成了一堆封建领主管着的小国。在这些地方，农民忙着种地，领主忙着收租子，没有人有能力有兴趣做大型建筑。因此，古希腊古罗马的那些精湛的手艺，好几百年没人用，全都荒了。

没有了统一的国家，反倒有统一的教会。于是教堂、修道院的建造成了从公元 5 世纪到 15 世纪时期几乎唯一大型公共建筑了。西欧的教堂因为是由教会而不是皇帝来操办，因此教义的成分大大增加，祭拜圣坛成了最主要的宗教活动。这样一来，曾经在小范围流行过的巴西利卡十字形平面受到极大的欢迎。这种十字横长竖短。长的那一横用于建筑的主轴，一头是入口，另一头是圣坛。人进去以后到圣坛的距离相比之下是很长的，这就增加了教堂的神秘性。短的那一竖可当作辅助房间用。更重要的是，这种十字跟耶稣受难的十字架长得很像，因此很受宗教人士的欢迎。

至于立面形式，那就是多种多样的了，看所在地区的传统和爱好而定。

在法国，从 10 世纪开始流行哥特式建筑。这主要因为热衷于吸引民众信教的基督教会需要一种建筑形式来表现宗教的威力，于是出现了这种新的建筑形式。哥特式建筑的特点是：肋骨式的架券、带尖的拱券（尤其在入口处）、镂空加花格的窗、花玻璃镶嵌窗。但平面依然是巴西利卡十字形的。

从建筑外形上，你一看那种瘦骨嶙峋的，顶上尖尖的教堂，九成就是哥特式。

初期的哥特式的老大哥，也是最出名的建筑物，要算是巴黎圣母院了（Cathédrale Notre-Dame de Paris）。它始建于1163年。虽然它的顶子不是尖的，但从结构体系、尖券、花窗等方面看，它还是很哥特的（图2-4、图2-5）。尤其看它的侧面，简直就是仿造人类的肋骨。

哥特式之所以受到教堂建造者的青睐，从内部空间看就更明白了。它利用高耸的空间和硬质的室内装修材料（光秃的砖柱子及大面积没窗帘的玻璃窗）造成了很强的反射音（回声）。如果你喜欢在洗澡时引吭高歌，会发现那声音比在旷野里回声大，因而好听，就是因为浴室的墙面用了不吸声，只反射声的瓷砖。回声的长短，建筑上称作交混回响时间。这个时间长了，就使得布道者话语和管风琴的乐音带有天外之音的神秘感。

你可以设想一下，一声洪亮的"孩子们—们—们—们—"在屋子上空嗡嗡地响上5秒钟，会使人们的心理产生多么神圣的感受。

其他的建筑物，扒拉来扒拉去，在中世纪欧洲能入我法眼的，大概就剩意大利威尼斯的圣马可广场（Piazza San Marco）了。说是广场，其实它是一组建筑和铺地的组合。这组建筑包括总督宫、圣马可大教堂、圣马可钟楼和新旧行政官邸大楼、圣马可图书馆，再加上运河，就围成了一个长170米、宽80米（东）、55米（西）的一个奇形怪状的广场。其中最热闹的建筑物要算是圣马可大教堂了（图2-6，彩图2-2）。因为有了这家伙，广场赖以得名。

圣马可大教堂建于公元829年。它的式样简直是个"杂巴凑"，既有哥特式的尖，却又用了罗马式的圆券门，外加五个拜占庭东正教

图 2-4 巴黎圣母院正立面

图 2-5 巴黎圣母院侧面

的洋葱头顶。后来维修时又混入了文艺复兴时期甚至巴洛克的风格。活像金庸笔下的令狐冲被输进桃谷六仙的真气，又夹杂了许多别人的真气一样，乱七八糟。但因为它大，又辉煌（里外共有 500 根白色大理石柱子），还有圣马可广场和运河滋润着它，这里的游人摩肩接踵。再说了，游人一般不太在乎什么建筑的式样。热闹就行。

再一个重要的建筑就是总督府（图 2-7）。这个三层的庞然大物其实主要不是为总督办公用的。首先，底层的券廊显然是为行人或游人躲阴凉、避风雨用的。第二，最上层大片的实墙面用小块的白色和玫瑰色交替着贴成席纹图案，固然是为减轻墙面的沉重感，当然也是给整个广场增添了活跃而温柔的气氛。二层的廊子上，柱子的数量比下层多了一倍，纤细而华丽，再说了，也没个正经窗户，办公用得着吗？怎么用？想来也是装饰作用大于使用功能。

某日，我和丈夫去拉斯维加斯，入住威尼斯人酒店。刚走到近处，我抬头一看，咦？这不是威尼斯圣马可广场的总督府吗？我虽然没去过威尼斯，但当年教我们西方古代建筑史的陈志华先生对圣马可广场青睐有加，讲起来绘声绘色，以至于我对这栋建筑很是熟悉。再往右一看，哈！红砖的大钟楼高高竖起。简直是半个圣马可广场呀。

钟楼也是圣马可广场的一大靓丽的风景线（图 2-8），以其高耸的尖和浓重的红色向游人们招手致意。

图 2-6 热闹的圣马可大教堂

图2-7　总督府

图2-8　大钟楼

第三章　亚非拉的中世纪（4—15世纪）

"中世纪"这个词似乎代表了黑暗、不安定、战争、血腥等一切晦气。现在,让我们挑几个典型的国家来看看他们在这一动荡的时期建筑方面有什么精彩作品可看吧。

1. 印度

中世纪的印度包括以下几个时代:

笈多王朝(320—540)是孔雀王朝之后印度的第一个强大王朝,也是由印度人建立的最后一个帝国政权,常常被认为是印度古典文化的黄金时期。笈多王朝的文化非常繁荣。婆罗门教再度兴起,不过此时它已经开始向现代印度教转变;佛教和耆那教继续拥有广泛信徒。

伊斯兰时期。伊斯兰对印度的真正征服开始于 11 世纪,是由中亚的突厥人进行的。伽色尼王朝的苏丹马赫穆德远征印度 12 次以上,在北印度造成严重破坏。

莫卧儿帝国时期。1526 年,突厥人帖木儿的直系后代巴卑尔从中亚进入，由巴卑尔建立的政权被称为莫卧儿帝国。

笈多王朝的建筑遗存极少。据说笈多王朝首都华氏城（今巴特那）宫殿很壮丽，可惜现已荡然无存。然而，笈多建筑特别是新兴的印度教建筑的形制，却承先启后，提供了以后数世纪印度建筑的雏形和范式。

笈多式佛像的一大特点是性感的肉体塑造。据说其理论是：是精神美成为肉体美的内在灵魂，肉体美成为精神美的直接表现（图 3-1）。

马图拉式佛像造型更加印度化，比初期马图拉佛像更加理想化，既非翩翩王子，亦非赳赳武夫，而是雄深雅健的泱泱圣哲。马图拉式佛像最著名的代表作，是马图拉地区贾马尔普尔出土的黄斑红砂石雕刻《马图拉佛陀立像》（图 3-2）。它高 2.17 米，约作于公元 5 世纪前半叶，现存于新德里国立博物馆。

萨尔那特式佛像最著名的代表作是萨尔那特出土的楚那尔砂石雕刻《鹿野苑说法的佛陀》（图 3-3）。这个坐姿佛陀高约 1.6 米，作于 5 世纪，现存于萨尔那特博物馆，与新德里国立博物馆的《马图拉佛陀立像》堪称笈多雕刻的双璧。这跟笈多式佛像刚好相反，几乎看不出什么人体的曲线，全都是些大平板式的佛。我们中国后来的佛像，我看多半是跟这种佛像学的。

公元 5 世纪初所建造的中央邦蒂哥瓦的石造神庙，构造简朴，仅由 1 间方形平顶圣所（供奉神像或林伽的密室）和正面的 1 座列柱门廊组成。

公元 5 世纪中期神庙略为复杂，整个神庙建于方形台基之上，在圣所周围增修了带有顶盖的回廊。例如中央邦班纳县的帕尔瓦蒂神庙。

到了公元 5 世纪后期，神庙更加完备，在圣所上方出现了方尖角锥形高塔（图3-4），即成为中世纪印度教神庙最显

图 3-1 笈多式佛像

图 3-2 黄斑红砂石雕刻《马图拉佛陀立像》

著特征的悉卡罗（象征印度教神山），在圣所和台基外壁上饰有印度教神像和神话浮雕，例如北方邦坎普尔县的皮德尔冈砖庙（公元5世纪末）和詹西县的代奥格尔十化身神庙（公元6世纪初）。

此外，在中央邦博帕尔附近的乌德耶吉里石窟，开凿于公元5世纪前后，是笈多时代印度教艺术的宝库。该石窟群包括18座印度教石窟，两座耆那教石窟。

从10世纪起，印度各地普遍建造婆罗门教的石材庙宇。其建筑形式跟一般的房子不同，不仅墙和屋顶混为一谈，甚至把屋顶当成了一块布满雕塑的纪念碑。对于婆罗门教来说，庙宇既是神的屋子，也是神本身。其中最杰出的是科纳拉克的太阳神神庙。

图3-3　楚那尔砂石雕刻《鹿野苑说法的佛陀》

图3-4　中央邦蒂哥瓦石塔

科纳拉克太阳神神庙（Konark Sun Temple），如图 3-5 所示，位于孟加拉湾附近的科纳克，离加尔各答 400 公里。太阳神神庙由 13 世纪的羯陵伽国王建造，神庙表现太阳神苏利耶驾驶战车的形象。24个车轮代表一天 24 个小时，饰有字符图案，7 匹马，代表着一周 7 天。

整个主殿看上去犹如一辆巨大的战车，是用红褐色的石头雕砌而成的。主殿长约 50 米，宽约 40 米，墙壁厚 2 米。战车共有 24 个巨轮，每个轮子的直径大约有 2 米，上面刻有精美的花纹（图 3-6）。

而在雕像中最引人瞩目的，还是那些表现宫廷中生活豪华奢侈、挥霍无度的浮雕，其情态生动逼真。很多雕塑表现了许多不加掩饰的性爱场面（图 3-7）。

图 3-5　科纳拉克的太阳神神庙远眺

图 3-6　战车式的神庙　　　图 3-7　雕刻局部

建造圣殿地板的材料是绿泥石。地板略向北倾斜，因为那里有一个
排水沟。圣殿的四侧向内倾斜，用一块巨石封顶作为天花板。由于
整个圣殿的跨度非常大，许多直径 0.23 米不少于 12.19 米长的铁质
横梁被用来支撑。这些横梁先是被制成许多小零件，后来再锻造在
一起。在神庙的内墙没有任何雕刻，也没有涂过灰泥。

再有一座婆罗门著名的大庙是康达立耶—马哈迪瓦庙（图 3-8）。
这是印度北方最著名的印度教庙宇，建于 1017—1029 年。它独立在
旷野中，体现了印度教庙宇没有院落的典型特征。庙宇主要包括大厅、
神堂和高塔，塔高 35 米。遵照轴线对称挺立在高高的台基上。方形
的大厅是死亡和再生之神湿婆的本体，密檐式的顶子代表地平线。
作为性力派的庙宇，高塔塔身充斥着以性爱为主题的雕刻，充满了
放纵的淫乐气氛（图 3-9 ~ 图 3-12）。

图 3-8　康达立耶—马哈迪瓦庙

图 3-9
　　　　　图 3-10

图 3-11 　图 3-12

图 3-9　雕塑之一
图 3-10　雕刻局部，人与兽
图 3-11　雕刻局部
图 3-12　牛腿

2. 日本

公元 794 年迁都平安京（今京都），标志着日本社会进入平安时代，寺院建筑为之大变。

随着密宗佛教的发展，开始营建山中寺院，堂、塔均建造在深山峡谷之中，一举完成佛教建筑的日本化，典型的是室生寺（图 3-13），那里有至今尚存公元 8 世纪末的五重塔和公元 9 世纪中叶的金堂。

京都府京都市伏见区醍醐东大路町 22 的醍醐寺（图 3-14）是另一实例。贯串整个平安时代的建筑日本化之风，以平等院凤凰堂（图 3-15）的出现达到极点，它是日本建筑美的成熟表现。所谓成熟，就是长得很像中国的大屋顶式建筑。如果你还记得在我的《树木与房子》里讲的典型的古建筑屋顶，可以看出醍醐寺的屋顶是标准的单檐歇山顶。只是正脊稍稍往下塌腰而已。

图 3-13　深山老林里的寺庙——室生寺

平等院凤凰堂始建于平安时代（1053年）。此堂三面环水，朝东，其殿的平面似凤凰飞翔之状，故此名曰凤凰堂。正殿为凤身，左右廊为凤翅，后廊是凤尾，变化多端。正殿面阔3间，为10.3米；进深两间，为7.9米。正殿重檐歇山屋顶。四周加一圈围廊。堂的内部装有极其精美的雕刻和绘画，还用金箔、珠玉、螺钿、鬃漆、金属透雕等多种多样工艺装饰。四面门和壁上画有佛经故事。它是在日本建筑史上最杰出的建筑物之一。

图3-14 醍醐寺

图3-15 凤凰堂一瞥

日本幕府时期共经历了镰仓幕府、室町幕府、江户幕府三个时期。这些时期里的"大将军"，有我们听说过的丰臣秀吉，丰臣秀吉并未开设幕府，只是当了官（被天皇任命为关白），次年兼任太政大臣。还有德川家康。他推翻了丰臣政权，重开幕府政治。这一当政就是十五代人！明治天皇睦仁经 1868—1869 年的戊辰战争，彻底打倒幕府势力。至此，日本的封建幕府政治结束，明治天皇重新掌权。由天皇制国家变为以天皇为国家象征的议会内阁制国家。

自室町幕府的建立（1336 年）至 15 世纪初，约一百年间，是禅宗建筑和折中建筑的最盛期，以东福寺三门、圆觉寺舍利殿、观心寺金堂为代表，是镰仓时代积累下来的建筑技术开花结果的时代。京都著名的金阁寺（1397 年建，如图 3-16 所示）、银阁寺也创建于此时。日本著名作家三岛由纪夫还以《金阁寺》为名写出长篇小说。

本来都欣欣向荣了，可 12 世纪后期，武士之风盛行并互相打杀。天皇皇权旁落，进入幕府统治时代。在这期间，日本的实际统治者是武士阶层的代表"征夷大将军"。天皇成为傀儡，形式上是公家和武家共治，实质上则是武家一家独大。

虽然武士们打得不亦乐乎，但建筑界的中兴也开始于这一时期。其标志是东大寺的复建。中国明州匠人陈和卿吸取宋式营造技术，创立大量使用素枋插栱的独特式样，为日本建筑界第二次吹进新风，今称大佛样。代表作有东大寺南大门、净土寺净土堂等，反映了生机勃勃的镰仓时代的建筑特征。还有就是遍地开花的幕府将军们的府邸（图 3-17）。

图 3-16 京都的金阁寺

图 3-17
幕府时代的将
军府邸

既然是打仗，就得有攻有守。攻，有兵有武器就行了，守可就复杂多了。最合适的建筑物当属城堡。从公元前后到近代，城堡有着将近 2000 多年的历史。因为是要御敌于外，因此大多结构坚固，实战性强。

比较典型的是江户城（图 3-18）。江户城始建于 15 世纪中叶，当时规模不大，仅 100 多户。庆长八年（1603 年），德川家康就任征夷大将军并在此设立幕府后，江户便成为日本的首都。

明治元年（1868 年），明治军队进占江户后，把江户改为东京。

图 3-19 所示为江户城的一座水城，图 3-20 所示为奈良城里著名的天守阁。

图 3-18　江户城

图 3-19　江户水城

图 3-20　天守阁

第四章 后中世纪，君权和文艺都复兴了

中世纪的欧洲摸着黑熬到了 14 世纪，终于迎来了光明——文艺复兴开始了。所谓的文艺复兴起始于 14 世纪后半截，到 16 世纪结束。在一百六七十年里，欧洲的科技、工业跟睡醒的巨人似的，都站了起来，开始了长足的进步。苹果一不留神砸了牛顿的脑袋，瓦特的蒸汽机冒气了；达·芬奇、伽利略的妈妈相继嫁人，生了聪明的孩儿，孩儿们各有多项发明。用一句如今时髦的话：科技推动了生产力，加上资本家舍得砸钱，欧洲进入了资本主义阶段。

生产力发达了，人们就有了更高的文化要求。建筑物逐渐摆脱了教会和封建领主狭隘的束缚。创新的欲望重新回到了建筑师和工匠的脑子里。人们从灭亡的拜占庭宫殿里刨出的图纸、从希腊罗马废墟里挖出来的残垣断壁里发现了他们祖宗创造了、却被埋没了几百年的好东西。在没有更多好主意之前，先从这里学两手，不失为事半功倍的好办法。

1. 意大利——文艺复兴的先锋

没了罗马帝国的意大利半岛上，很早就出现了各自为政的小型共和国如佛罗伦萨、热那亚等。一般认为文艺复兴就是从这里开始了。事实上，文艺复兴这个词就来源于意大利语的 Rinascimento。这个词是"ri"（重新）和"nascere"（出生）组合起来的。这意思再明白不过了。

文艺复兴的先锋应该算是绘画。因为绘画容易，一支笔，一堆颜色，加上一个大脑和一双手。总之，一个人就够了。这一时期的绘画和雕塑很多都是我们耳熟能详的，比如达·芬奇的《蒙娜丽莎》、米开朗基罗的《大卫》（图 4-1）和《维纳斯的诞生》都是摆脱了纯宗教色彩的名作。

米开朗基罗是一位真正的大师。他以高超的雕刻艺术驰名世界绝不是偶然的。

有人问他："你是怎样雕刻的？"

他回答道："取一块大理石，去掉多余的部分。"

多幽默啊！还有有意思的故事呢。在创作这位扛着衣服而不穿的、表现男子美的"大卫"的过程中，佛罗伦萨市的执行官（市长）来视察工作。

他看到这个 5 米高的，已经完成了多一半的东西，很是震惊。他倒是没打算给大卫穿上裤衩，但还是要表现一下市长的派头来，就退后了两步，眯起眼睛指指点点："啊，不错，但是这个鼻子嘛，我看有点高了，应该去掉一点嘛。"

老米明知道那鼻子不能再去了，但领导的意志是不能违抗的。于是他从架子上下来，也眯起眼睛看了一会儿，恭恭敬敬地说："还真是的啊！"然后，趁执政官不注意，抓起一小把大理石渣，又爬上了梯子。他拿起凿子，假装在大卫的鼻子上"当！当！"地凿着，随之往地上撒大理石渣。撒完了，他再次恭恭敬敬地问执政官："现在呢？合适了吗？"

执政官摸摸胡子："嗯，现在好多啦，正好，正好！不错！不错！"然后满意地离去，并逢人便说他的鉴赏能力如何高，连老米都听他的。

图 4-1 大卫

怎样对付愚蠢的领导，老米给我们做出了榜样。

至于建筑界，最先的作品是意大利佛罗伦萨主教堂，最后一件作品是梵蒂冈的圣彼得大教堂。其实世俗建筑也有不少出色的，但究竟名气不如它们大，咱们就来看看这两件吧。

佛罗伦萨主教堂本身一般般，但它那大脑袋太出彩了。这个主教堂是 13 世纪末作为共和体制的纪念碑而建的。1367 年，自由工匠们开始讨论这个建筑物的方案时，曾吹出大牛，说是一定要造一个"人类技艺所能想象的最宏伟、最壮丽的大厦"。可惜，好几十年过去了，理想也没照进现实，直到一个人出现了，他的名字叫伯鲁乃列斯基。为了设计这个穹顶，37 岁的伯鲁乃列斯基只身跑到罗马，在那儿一待就是好几年，他测绘古建筑、钻研拱券技术，连一个插铁榫子的凹槽都趴在地上细细量过。回到佛罗伦萨后，他不但做了穹顶的模型，连脚手架如何安置都做上去了。在 1420 年的招标会上，他一举夺标，同年开工建设。整个施工过程他都登梯爬高亲身参与。1431 年，主体穹顶完工，1446 年，67 岁的伯鲁乃列斯基带着未完工的遗憾离开人世。又过了 24 年，即 1470 年，盖了半个世纪的整个建筑才算完工！

可知那句话是放之四海而皆准的啊："没有人能随随便便成功。"

伯鲁乃列斯基的这个穹顶用了八根肋骨做骨架，之间用了两道环箍，以免它们散了架。这八根肋骨坐在八个墩子上。而这些墩子下面是个 12 米高、4.9 米厚的鼓座。鼓座距地面 43 米，顶端距地面 91 米。为了避免工人在这么高的脚手架上爬上爬下出事故，上面甚至设了小吃部，供应食物和酒。

我们把佛罗伦萨的这个穹顶和拜占庭时期圣索菲亚大教堂的穹顶比较一下，不难看出，圣索菲亚的顶子很是羞涩地犹抱琵琶半遮面，而佛罗伦萨的这一个，全身裸露在世人面前，丝毫不遮遮掩掩，显示出设计师的勇气和高超的施工技术（图 4-2）。这个大东西总高有 107 米，真应了电影《小兵张嘎》里胖翻译官的那句话了："高！实在是高！"它马上就成了佛罗伦萨的地标和天际线的构图中心。

下面要表的一个小东西建在罗马，原文是"Tempietto"。我的翻译叫作"谈比爱多"，在教科书上，这个小东西的名字是"坦比哀多"。我猜是小庙的意思。别看这个直径仅 6 米、柱高不过 3.6 米的小庙不大起眼，在建筑史上可是很有地位哟。首先，它的设计者伯拉孟特就很了不起。跟佛罗伦萨主教堂的设计者伯鲁乃列斯基一样，他对古罗马艺术也心仪至极，也是一脑袋扎到罗马城，里里外外地翻腾了好几年废墟堆。其次，"坦比哀多"这东西还真挺好看。它的集

图 4-2　佛罗伦萨主教堂

中式体型、饱满的穹顶、圆柱形的神堂外加一圈16根多立克柱子，使得它有虚有实、体型丰富、构图匀称，成了后世争相模仿的样板（图4-3）。它确实长得挺好看的，无怪乎教我们西方古代建筑史的陈志华先生十分推崇。

文艺复兴时期的最后一个，也是最雄伟壮观的一个建筑是梵蒂冈的，也是世界天主教中心的圣彼得大教堂。直到今日，每年圣诞节时教皇都会在这里接见从世界各地赶来的教徒。

要说这个大教堂的诞生，是真叫一个难产。16世纪初，罗马教皇决定重建几百年前的圣彼得教堂。此时正值文艺复兴盛世，在外敌不断入侵的情况下，意大利人盼望着国家赶紧强大起来。想起自己祖宗曾经创下的罗马帝国，爱国情怀鼓动着伯拉孟特。他发誓要建一座亘古未有的大建筑，"要把罗马城的万神庙举起来，搁到和平庙的拱顶上去"。

伯拉孟特最初的方案是希腊十字，横竖一般长，因而有了一个集中

图4-3 坦比哀多

空间。顶上当然也得要穹顶，总之，就是放大了的坦比哀多。1505年，这个方案被初步通过。但热衷于宗教形式的人提出异议：圣坛放在哪里？如何突出它的地位？唱诗班和讲经的神父站在哪里？难道要跟群众挤在一起吗？那成何体统！

在一片反对声中，热爱建筑艺术甚于宗教仪式的教皇尤利亚二世坚决支持伯拉孟特的方案。新教堂于1506年开工了。

干了8年，这8年也就是打了个基础吧。然后，伯拉孟特去世了。接替他的是著名的宫廷画师拉斐尔。他是个虔诚的教徒，因而秉承新教皇的意思，把平面改回到巴西利卡十字，也就是说把整个平面抻长了，圣坛因而突出了。

幸亏，或者说不幸的是，改建工程没能进行多少，罗马就被西班牙占领，加上德国的马丁·路德为反对教皇以卖"赎罪券"的名义集资建教堂，因而引发了改革新教运动。新教旧教打得不亦乐乎，大教堂就此停工了。

41年后的1547年，教会委托米开朗基罗主持大教堂工程。米开朗基罗抱着"要使古希腊罗马建筑黯然失色"的雄心壮志开始工作。首先，他捡起了伯拉孟特的集中式方案，稍作妥协地把入口处拉长了些，并加强了支撑穹顶的四个角墩子，以便建一个前所未有的大穹顶。与此同时，他减小了四角的四个小穹顶，以突出主穹顶。

主穹顶直径42米，接近万神庙，而高度却比万神庙高了近三倍。就穹顶本身而言，它的几乎是半球的造型，比佛罗伦萨的那个显得丰满多了。

可惜，后来的一位不懂美学、光知道宗教的教皇拆去了米开朗基罗的正立面，加了一段三跨的巴西利卡式大厅（图4-4）。以至于人们在大教堂前面完全看不见雄伟的穹顶。从艺术和构图方面看，穹顶的统领作用没有了。也就是说，米开朗基罗的劲在很大程度上白费了。柱子的安排也显凌乱。大教堂的形象被破坏，标志着文艺复兴时代的结束（哭！）。

尽管受到损坏，圣彼得大教堂还是以它空前雄伟的姿态令世人瞩目（图4-5）。

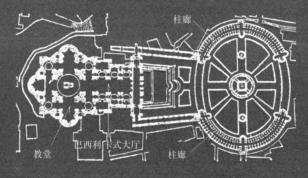

图4-4
圣彼得大教堂
和广场平面

图4-5
圣彼得大教堂

某年夏天，我和丈夫、女儿、女婿去梵蒂冈，我特别想进去看一看米开朗基罗著名的雕塑"哀悼基督"（图4-6）。结果却没让我们进去。你猜为什么？竟然是因为我们穿的是短裤，而不是拖地长裙。幸亏被拦在外面的还不止我们，不显得孤立。众门外汉无奈地环顾四周，才发现人家有知道的，特地带了床单什么的，在门外临时裹在腰上，踢里秃噜地混进去了。我们可傻了，在外面墙根坐了俩钟头！

哎，情报工作真的是很重要啊！

这尊我没看到的雕塑的动人之处在于，面对营养不良、骨瘦如柴还被人害死的儿子，玛利亚不是捶胸顿足号啕大哭，而是陷入极度悲哀以至于没有了表情。我觉得这比什么都更表现出一个绝望的母亲的心情。

米开朗基罗，大师啊！

图 4-6
哀悼基督

2. 法国的三大宫殿

1337—1453 年，英法之间打了一场旷日持久没完没了的战争，号称百年战争。起因大概是 10 世纪，法国国王收服了诺曼人并给了他们一块封地——诺曼底。也就是说，诺曼底是属于法国的附属国。后来诺曼人越来越膨胀，甚至打到英伦三岛去并成了英格兰的王。这位新英王心说，本大人怎么说也是一方诸侯了，可一天到晚总是得给法国国王下跪，这算怎么一回事啊！而且一个不留神，人家法国还把诺曼底给弄回去了。这回英国彻底不干了，那就打吧。你来我往地打了 116 年。这期间哪国也没落好，弄得民不聊生，也没心思盖房子了。

最终，法国算是胜利了，这给法王长了不少威望。正如路易十四的权臣高尔拜向皇上进言："如陛下所知，除赫赫战功外，唯建筑物最足以表现君王的伟大与气魄。"路易十四一高兴，停下了本已荒废多年的城市建设，大建宫殿。

这一时期著名的有枫丹白露宫、卢浮宫和凡尔赛宫。

第一个，枫丹白露，法语意思是"美丽的泉水"，可见其风景之优美。有的国王在这里常住，有的在这里结婚、打猎或接待外国元首，就跟清朝的圆明园似的。

枫丹白露宫周围有 1.7 万公顷的森林，建筑的主体包括一座塔、六座王宫、五个院落和四个花园（图 4-7）。

第二个，卢浮宫。它始建于 1204 年，是一座真正的皇宫。它位于巴黎市中心，塞纳河边。这里曾先后居住过 50 位国王皇后。

图 4-7　枫丹白露宫的中心部分

说起卢浮宫的设计建造，又是一本难念的经。

卢浮宫始建于 12 世纪末（1190 年），最初其实是用作监狱与防御性的城堡，四周有城壕，其面积大致也就相当于今卢浮宫最东端院落的四分之一吧。

14 世纪，法王查理五世不知道哪根筋一动，觉得这座监狱挺适合王居，于是搬迁至此。在他之后的法国国王大概想起它曾经是监狱，心里有点硌硬，于是再度搬出卢浮宫。直至 1546 年，心理素质比较好的弗朗索瓦一世才成为居住在卢浮宫的第二位国王。弗朗索瓦一世特喜欢河边的这块地方，于是命令建筑师按照文艺复兴风格对其加以改建，于1546—1559年修建了今日卢浮宫建筑群最东端的卡利庭院（Cour Carree）。

1564年，已经当了王太后的凯瑟琳因忍受不了丈夫亨利二世给情人戴安娜做的无处不在的雕像，在卢浮宫对面修建杜伊勒里宫，自己住到了杜伊勒里宫图清静去了。卢浮宫的扩建工作再度停止。

50年以后，亨利四世和路易十三对祖宗们的爱恨情仇早已淡漠，于是修建了连接卢浮宫与杜伊勒里宫的花廊，把两个横条连成了一统。后来的几个皇帝也曾对卢浮宫小修小改过。

卢浮宫自东向西横卧在塞纳河的右岸，它的东立面全长约172米，高28米，从上到下分作三部分：底层是基座，中段是两层高的巨柱式柱子，再上面是檐部和女儿墙。整个大厅的四壁及顶部都有精美的壁画及精细的浮雕。

法国国王特别喜欢收集艺术品，历代国王都不惜重金从意大利、佛兰德斯和西班牙购入艺术作品。1793年8月10日，共和政府决定将其作为博物馆向公众开放，命名为"中央艺术博物馆"。11月8日，博物馆正式开放，展出了587件艺术品。

二战期间，眼看德国军队要打进来了，政府打开了卢浮宫的大门，号召巴黎市民把珍贵的艺术品能搬的都搬家去，来了个"藏画于民"。当然，有关方面造册登记了，毕竟是国宝啊。

二战结束后，博物馆一声令下，当初藏画的人如数交出，竟无一件丢失！

素质啊！

如今，卢浮宫是世界四大知名博物馆之一，每日游人如织。我之
所以去卢浮宫，倒不是看蒙娜丽莎，而是看贝聿铭给它做的玻璃
的倒三角锥形入口，人称玻璃金字塔。感觉不错，新老结合很是
独特。

再一座著名的宫殿是凡尔赛宫（图4-8）。

凡尔赛宫所在地区原来是一片森林和沼泽荒地。1624年，法国国王
路易十三买下了一片荒地，在这里修建了一座二层的红砖楼房，用
作狩猎行宫。

16—17世纪，巴黎市民不断发生暴动，烦不过的路易十四决定将王
室宫廷迁出混乱的巴黎城。经过考察和权衡，他决定以凡尔赛行宫
为基础建造新宫殿。为此又征购了6.7平方公里的土地。园林家设
计了凡尔赛宫花园和喷泉，又在狩猎行宫的西、北、南三面添建了
新宫殿，将原来的狩猎行宫包围起来。

图4-8
凡尔赛宫中段
上层

凡尔赛宫整个宫殿和花园的建设在 1710 年才全部完成。遂成为欧洲最大、最雄伟、最豪华的宫殿建筑，并一直被当作是法国乃至欧洲的贵族活动中心。

凡尔赛宫宫殿为古典主义风格建筑，立面为标准的古典主义三段式处理，即将立面划分为纵、横三段，建筑左右对称，造型轮廓整齐、庄重雄伟，可以说是理性美的代表。其内部装潢则以巴洛克风格为主，少数厅堂为洛可可风格。

这座集宏伟和美丽于一身的建筑风格引起俄国、奥地利等国君主羡慕得不行。于是彼得一世在圣彼得堡郊外修建的彼得大帝夏宫、腓特烈二世和腓特烈·威廉二世在波茨坦修建的无忧宫，以及巴伐利亚国王路德维希二世修建的海伦基姆湖宫都仿照了凡尔赛宫的宫殿和花园。

但是，凡尔赛宫过度追求宏大、奢华，却不适于人居。宫中竟然没有一处厕所或盥洗设备，据记载，连太子都不得不在卧室的壁炉内解小手。皇上如何解决内急问题，不可得知。看来，外国皇上的待遇真不如中国皇上啊！虽然也没见故宫里有茅厕，可皇上无论走到哪儿，后面都跟着抬马桶的，捧食盒的，拿衣服的，带脸盆的，无比周到。

外国的皇帝们，你们就羡慕去吧！

3. 独特的俄罗斯建筑风格

俄罗斯民族是个特别的民族，有点儿像咱们汉族，很有自己的特点。建筑上也是如此。

众所周知，俄罗斯大地整个就是一个大森林，木材极其充裕，因而木头成了主要的建筑材料。俄罗斯寒冷多雪，木屋主要的功能就是保温，粗大的原木在墙角处相互交叉是这种木屋的主要特征。另外，为了不被厚厚的雪压塌了，屋顶的坡度陡得很。

15 世纪，俄罗斯在莫斯科大公伊凡三世的领导下，开始了推翻蒙古统治的战斗。15 世纪末，伊凡四世（人称伊凡雷帝）攻破了蒙古人在俄罗斯土地上最后一个城堡——喀山汗国。几个世纪被蒙古人统治的局面终于结束了。好容易喘过气来的伊凡四世下令建造了一座纪念性很强的教堂。因为不久后这里埋葬了东正教圣人华西里·柏拉仁诺，后人就称这座新教堂为华西里·柏拉仁诺大教堂了。

华西里·柏拉仁诺大教堂是一座掺乎了希腊风格的拜占庭式教堂建筑。其特点是整座教堂由 9 个墩式形体组合而成，中央的一个最高，近 50 米，越来越尖的塔楼顶部突然又出现了一个小小的洋葱顶，上面的十字架在阳光的照射下熠熠发光。在高塔的周围，簇拥着 8 个稍小的洋葱头。它们大小高低不一，花纹也个个不同，加上以金、黄、绿这些鲜艳的颜色装饰，活像是一团团熊熊燃烧的火。它与克里姆林宫的大小宫殿、教堂搭配出一种特别的情调，为整个克里姆林宫增辉添彩（彩图 4-1）。

为了使世界上不能再建成这么美丽的建筑，伊凡雷帝在竣工时弄瞎了所有参与建筑的建筑师的双眼。这位连自己的儿子都杀的伊凡雷帝，真是什么都干得出来（彩图 4-2）。

莫斯科基督救世大教堂（图 4-9）是为纪念 1812 年抗击拿破仑入侵胜利而建。1831 年完工。这是莫斯科最大的教堂，外面有五个镀金的洋葱头圆顶。其中中央圆顶高 102 米。

图 4-9
基督救世
大教堂

伊萨基辅大教堂（图 4-10）坐落在圣彼得堡市区涅瓦河左岸。它与梵蒂冈的圣彼得大教堂、伦敦的圣保罗大教堂和佛罗伦萨的花之母大教堂并称世界四大教堂。这个很罗马风格的教堂于 1818 年破土动工，1858 年竣工。前前后后用了 44 万民工。这在中国不算什么，但考虑到天寒地冻、人烟稀少的俄罗斯，那就了不得啦！

另一个教堂是基督复活大教堂。它是圣彼得堡为数不多的东正教堂，它位于涅瓦大街不远的运河旁。如同一切东正教堂一样，它的顶部有很多五光十色的洋葱头式顶子（彩图 4-3）。

图 4-10　伊萨基辅大教堂

4. 欧洲其他国家的建筑

欧洲不是一个统一的国家，情况比较复杂。在 16—18 世纪时，有的国家，如荷兰，因为航海业发达，跑到全世界掠了不少地方和钱财，因此很富有。有的国家像德国，还是个四分五裂封建割据的状态。不过大家多多少少受意大利这个古老文明的影响，建筑风格还是比较相近的，正如中国的文明之对日本和朝鲜的影响。

咱们就先看一眼荷兰和比利时吧。那会儿叫尼德兰，意思是低地。

尼德兰早在 1597 年就推翻了西班牙的统治，建立了世界上第一个共和国。从此国家走上了经济快速发展的道路。因此尼德兰的建筑既没有大教堂，也没有大宫殿，代之的是市政厅、交易所、行会大楼。

尼德兰的行会大楼是出了名的多。由于各大楼都喜欢用尖屋顶，常常整条街的天际线就跟锯子似的，都是些齿（图4-11）。

安特卫普市政厅位于大广场西侧的中心位置，是一幢非常漂亮的文艺复兴式建筑，年头已久，于1561—1564年建造。市政厅前的雕像是拿着巨人断掌的英雄"布拉博"（Brabo）（彩图4-4）。

西班牙的情况跟尼德兰正相反。由于很长时间在欧洲乃至世界称王称霸（大半个拉丁美洲都是它的天下），而宗教是皇室统治的得力助手，因此在西班牙宫廷建筑和教堂都很发达。

1559年，在首都马德里北48公里的一大片空地上建了一座宫殿：埃斯库里阿尔宫（图4-12）。这个宫殿既为庆祝跟法国打赢了一仗，也被当作皇室的陵寝，因此规模很大。

图4-11 尼德兰某条街上的行会大楼

此宫殿的建筑师是鲍蒂斯达·托莱多（Juan Batista de Toledo）及埃瑞拉（Juan de Herrera）。该宫宽为 206 米，进深为 209 米。西面为入口门楼，进入到王室大院，共分六个部分。内院里有很漂亮的花园、雕塑、水池、花圃应有尽有（图 4-13）。

图 4-12
埃斯库里
阿尔宫

图 4-13
院内花园

至于教堂，此时哥特式已经过时了，流行一种叫"巴洛克"的怪东西。说它怪，是因为古典惯了的欧洲忽然发疯了，把好好的柱子痉挛地扭曲了，断裂的檐口和山花像碎片一样埋没在乱七八糟的花环、涡卷、蚌壳中。我们举的这个建于1660—1738年的圣地亚哥·德·贡波斯代拉教堂（图4-14）还不算特扭曲，还有些哥特式的残存。不过，看它的立面，实在是乱得可以，简直就不让眼睛休息。我在伦敦见过比这扭曲得多的巴洛克式建筑。

说起德国建筑，我最喜欢的有两个。一个是在南德的深山老林里，路德维希二世给他老妈建的宫殿，叫新天鹅堡。新天鹅堡的建筑草稿最初并不是由建筑师设计的，而是由剧院的画家和舞台设计者创作的，因此新天鹅堡具有非同一般的童话气氛。据说在城堡基本完工后，路德维希二世便以他的好友瓦格纳所创作的音乐剧《天鹅骑士》为灵感，将城堡命名为"新天鹅堡"（彩图4-5）。

图 4-14
圣 地 亚 哥·
德·贡波斯代
拉教堂

图 4-15　茨温格宫局部

图 4-16　老人吹蒲公英

还一个是位于德累斯顿的茨温格宫（图 4-15）。茨温格宫是建筑师伯人倍尔曼的最高杰作，是德国建筑主要的标志之一。1710—1728 年分阶段建造。茨温格宫在 1719 年选帝侯奥古斯特与哈布斯堡皇帝的公主玛利亚·约瑟法举行婚礼之际正式揭幕，当时，建筑的外壳已经竖立，加上临时展馆，构成这一活动突出的背景。内部直到 1728 年才完成，行使美术馆和图书馆的功能。

图 4-17　孩子和花篮

茨温格宫的早期绘画大师美术馆（Gemäldegalerie Alte Meister）是德累斯顿丰富的文化宝库，这里收藏有加纳莱托、拉斐尔等早期绘画大师的绘画。在内院里还有很多精彩的石雕。这里仅选三个。第一个明明是一个清代老人，他正在专心地吹一朵蒲公英（怎么想出来的！心血来潮吧）。第二个是孩子和花篮，第三个是孩子在烈日下远眺（图 4-16 ~ 图 4-18）。

图 4-18　孩子远眺

5. 印度

在崇拜伊斯兰教的莫卧儿帝国统治印度时，各地建造了大量清真寺、陵墓、经学院和城堡。这些建筑的形式和规格虽受中亚、波斯的影响，但已具有了独立的特征。其中最有代表性，也是最辉煌的，要数是泰姬·玛哈陵了（彩图4-6）。

泰姬·玛哈陵是世界知名度最高的古迹之一，在今印度距新德里200多公里外的北方邦的阿格拉（Agra）城内，亚穆纳河右侧。是莫卧儿王朝第5代皇帝沙·贾汗为了纪念他的爱妃、来自波斯的阿姬曼·芭奴而建立的陵墓。

阿姬曼·芭奴美丽聪慧且多才多艺，沙·贾汗封她为"泰姬·玛哈尔"，意思是宫廷的皇冠。她入宫19年，为皇帝生了14个孩子后香消玉殒。这位皇帝是个情种，一夜之间痛白了头发。

泰姬·玛哈陵于1631年开始动工，历时22年，每天动用2万役工。除了汇集全印度最好的建筑师和工匠，还聘请了中东、伊斯兰地区的建筑师和工匠，更是耗竭了国库（共耗费4000万卢比），这导致莫卧儿王朝的衰落。沙·贾汗国王原本计划在河对面再为自己造一个一模一样的黑色陵墓，中间用半边白色、半边黑色的大理石桥连接，与爱妃相对而眠。但泰姬·玛哈陵刚完工不久，他儿子篡位成功，沙·贾汗国王被囚禁在离泰姬·玛哈陵不远的阿格拉堡的八角宫内。此后整整8年的时间，沙·贾汗每天只能透过小窗，凄然地遥望着远处河里浮动的泰姬·玛哈陵倒影，直至最终忧郁而死。沙·贾汗死后被后人合葬于泰姬·玛哈陵内他的爱妃身旁，让他不至于太孤单。

泰姬·玛哈陵整个陵园是一个长方形，长576米，宽293米，总面积为17万平方米。它的建筑群总体布局很简明：陵墓是唯一的构图中心。这个构图中心居于中轴线末端，在前面展开方形的草地，因之让人有足够的观赏距离。

泰姬·玛哈陵最引人瞩目的是用纯白大理石砌建而成的主体建筑，皇陵上下左右工整对称，中央圆顶高62米，令人叹为观止。四周有四座高约41米的尖塔，塔与塔之间耸立了镶满35种不同类型的半宝石的墓碑。湛蓝的天空下，草色青青托着晶莹洁白的陵墓和高塔，两侧赭红色的建筑物把它映照得格外如冰如雪。倒影清亮，荡漾在澄澈的水池中，当喷泉飞溅、水雾弥漫时，景象尤其魅人。为死者而建的陵墓，竟洋溢着乐生的欢愉气息。

这个伟大的建筑告诉了世人：谁说没有永恒的爱情？请看泰姬·玛哈陵。

第五章 大革命爆发，法国和英国带了头

1. 英国革命动静不大，皇上还是皇上

当整个欧洲还在混混沌沌的封建制度统治下四分五裂着，英国却率先闹起了革命。但这个革命很不彻底，闹了半天，皇家还在。1688 年建立了君主立宪的国家，直到现在。当然了，那只是个"摆设"。可人家愿意留着皇家。如今英国女皇都老迈年高了，还没"下岗"呢。

那阵子英国净闹革命了，没工夫搞建设，加上 1666 年伦敦大火，几乎夷平了整个城市，更加没钱了。稍微值得一表的也就算是克里斯道弗设计的格林尼治建筑群。这个建筑群始建于 1696 年，用了 19 年的工夫才完工。起先是当皇宫用，后来在内战中荒废。以后又改成了海军士兵的养老院（图 5-1）。

建筑群的布局还是很有气派的，按中国的说法，它是个两进的大院子，第一进面向泰晤士河，第二进地势高了一些，也窄了一些。建筑群体型变化很大。视线的集中点是一左一右的立于转角处的两个塔。至于风格嘛，就算是古典式的吧。柱子用的塔斯干式，这是后来罗马在希腊柱式上发展的一种柱式，类似多立克式。

图 5-1　格林尼治建筑群之右半部

现在，咱们再来看看住宅建筑。

英国这一时期诞生的所谓"维多利亚"式住宅在西方世界乃至亚非国家，都是很有影响力的。17世纪英国上流社会的主流是王室和贵族，因此住宅的风格也都保守而严谨，恰如这些人的性格。建筑一般为两层，屋顶陡峭，外轮廓上有烟囱、老虎窗等。其外装饰的特点是爱用红砖、砌体的灰缝较厚、有腰线。而过梁、窗台乃至券脚等用灰白色的石头，看上去干净爽朗。房屋的周围种满了树木和花草。草地修剪得极其平整，没有一根杂草。

2. 法国倒是闹得天翻地覆的

法国的新兴资产阶级也想革命，可法国的封建体制很是成熟，要想推翻它，着实费了点儿劲。

1789 年，资产阶级就革了一回命，打跑了路易十六（后来又绞死了他），建立了君主立宪。雅各宾派们不满意，又革了一回命，于1793 年掌权。1794 年又被颠覆。我们都看过雨果的最后一部小说《九三年》和一副半裸女人高举着旗子带领人们冲锋的油画《自由引导人民》，还听说过攻占巴士底狱，没准还会唱《马赛曲》（后来成了法国国歌）。这些林林总总的热闹，表的都是同一出戏——法国资产阶级大革命。

革命带来了思想的启蒙运动，其直接后果是主张共和。当权者借用了古代罗马的共和概念，也借用了古罗马的艺术形式，古罗马的一切建筑都被认为是最美的。我们统称这一时期的建筑为复古派。复古派很快席卷了整个欧洲。看来那地方确实小，什么新玩意儿流行得都快。

在这一大流派中，由于所模仿的根源不同，又可分成三个小流派，一派为古希腊、古罗马复兴派；一派为哥特式建筑复兴派；一派为折中派。

法国人更喜欢古希腊古罗马。巴黎万神庙（图 5-2）和巴黎凯旋门（图5-3）是这一流派的杰出代表。

巴黎万神庙本来是为巴黎的守护者建的教堂。1791 年被当作伟人公墓，并改名为万神庙，意思大概是说伟人们都是神吧。

图 5-2　巴黎万神庙

图 5-3　巴黎凯旋门

万神庙建在一个小山岗上，平面是希腊十字，也就是说，横竖一边儿长。长宽都是 84 米，长轴加上柱廊，总共 110 米。

巴黎万神庙的重要成就之一是结构空前的轻。墙薄、柱子细。原来穹顶下面的柱子也特细，后来地基沉降，基础出现裂缝，把柱子改成了墩子。但这墩子也比同类的要小得多。穹顶内径 20 米，顶端采光亭的最高点高 83 米。它的形体很简洁，几何性明确，下面是方的，上面是圆柱形的，最顶上是球锥形，当中夹了个三角形。它力求把哥特式建筑结构的轻快同希腊建筑的明净和庄严结合起来。

把它和罗马万神庙比较一下，可以明显地看出它是在学习罗马万神庙的基础上加以简化的。

巴黎的另一个，也是最令人称道的建筑物要算是凯旋门了。

1805 年 12 月 2 日，拿破仑率领的 7.3 万人法国军队从半夜打到清晨，只用了 5 小时，就在奥斯特利茨战役中打败了 8.6 万人俄奥联军。由于三方出战的都是皇上：法国的拿破仑、俄国的亚历山大一世、奥地利的弗朗西斯二世，这一仗能打胜，够拿破仑得意一辈子的吧！我在卢浮宫见过一幅画，表的就是这次战役，画名《奥斯特利茨的太阳》。

为了炫耀国力，并庆祝这次战争的胜利，1806 年 2 月 12 日，拿破仑宣布在星形广场（今戴高乐广场）兴建一凯旋门，以迎接日后胜利而归的法军将士。同年 8 月 15 日破土动工。但后来拿破仑在滑铁卢战役中败走麦城，凯旋门工程中途停工。1830 年波旁王朝被推翻后，工程才得以继续。前后经过了 30 年，终于在 1836 年 7 月 29 日，凯旋门举行了落成典礼。这会儿拿破仑已经死了 15 年喽。

凯旋门是欧洲古已有之的一种建筑形式。某个大人物打了一胜仗，就在某地建那么一座类似大门的东西。在欧洲的许多地方你都可以看见它们。而巴黎的这座凯旋门是以古罗马单拱形凯旋门为蓝本。但它的位置极重要，在香榭丽舍大街正当中，而且规模庞大。这座凯旋门高 49.54 米，相当于 16 层楼房，宽 44.82 米，厚 22.21 米，中心拱门高 36.6 米，宽 14.6 米。在凯旋门两面门墩的墙面上，有 4 组以战争为题材的大型浮雕。拱门两旁还有六组浮雕，著名的浮雕《马赛曲》（图 5-4）就刻在某一拱门的一侧。

图 5-4 浮雕《马赛曲》

凯旋门的拱门上可以乘电梯或登石梯上去，石梯共 273 级，上去后第一站有一个小型的历史博物馆，还有两间配有法语解说的电影放映室。再往上走，就到了凯旋门的顶部平台，从这里可以鸟瞰巴黎名胜。

自从这座凯旋门建好之后，去巴黎的外国人没有不去看看它的。

3. 哥特式复古派

哥特复兴的流派在英国典型的建筑杰作是英国国会大厦（Palace of Westminster）。它被不同的国人翻译成西敏宫（译意）或威斯明斯特宫（译音）。它建于 1868 年，是一个由上、下议院、威斯明斯特教堂、钟塔、维多利亚塔等组成的建筑群。整个国会大厦的建筑形式都是哥特式的，强调垂直线，注重高耸、尖峭。不过它与哥特式教堂还是有所区别的，明显的比较世俗化，而不是刻意地表现骨瘦如柴的感觉（图 5-5）。

德国科隆主教座堂（Kölner Dom）是另一个怪物，以至于建造年代都成了问题，唯一可以确定的是，它是极其标准的哥特式建筑。

图 5-5　英国国会大厦（西敏宫）

论高度，科隆教堂算不上世界第一，157 米高的钟楼使得它成为德国第二（仅次于乌尔姆市的乌尔姆主教座堂）、世界第三高的教堂。但它的工期绝对排得上世界之最：600 年！

1248 年 8 月 15 日，新教堂在科隆大主教的主持下开土动工。建筑为哥特式，以法国亚眠的主教座堂为蓝本设计。之后，不知什么原因建造工程时断时续，300 多年后的 1560 年因为资金原因，终于完全停工了。未完工的烂尾主教堂统治了科隆的城市轮廓线 300 多年。至 1880 年才由德皇威廉一世宣告完工。从 1880—1888 年，它在高度上当了 8 年的建筑界世界冠军。

二战期间，科隆教堂曾遭到 70 次炮击和轰炸。科隆市民动员起来守在大教堂四周，只要天上掉下来的炸弹暂时没炸，就赶紧给抬一边去。就这样，北塔的塔基还是遭到严重破坏。后来虽然经过加固，但 20 世纪 80 年代我去看时，北塔下面不知道为什么仍然有一堆烂砖头。

科隆大教堂给我印象最深的还不是它的高耸，而是正面的雕塑。作为建筑的附属品，它的雕塑做得极其精美，堪比单个的人物雕塑作品。

4. 折中的复古派

折中派的建筑主要盛兴于法国。它的特点是，不拘于哪一个时代的建筑，也不专注于哪一种风格，凡古老的都好。于是乎某个建筑常常会将几种风格集于一身，故人们又戏称其为"集仿主义"，或如北京人的一道菜名：折箩。

较为典型的例子是拥有 2200 个座位的巴黎歌剧院（图 5-6）。这个

图 5-6　巴黎歌剧院

歌剧院是由折中主义的狂热崇拜者查尔斯·加尼叶于 1861 年所设计。
从正面看，这座建筑有一排宏伟的柱廊，在正立面上又采用了"洛
可可"的装饰风格，雕刻上了极其烦琐的卷曲草叶和花纹，将新兴
资产阶级对财富的炫耀尽展于此种华丽的风格上，而且把当时的工
匠和如今的我累得够呛（画这张画儿）。

复古派在建筑艺术方面创造了多个杰作，也就完成了它由古代向现
代过渡的历史使命。

第六章 19世纪是个新和老并存的年代

到了 19 世纪。各式各样的科技成果相继问世。蒸汽机、电、化学、生物学、医学的进步和新发明，令世界的面貌大不同于以前了。建筑上也有了新气象。尽管外观上可能一时半会儿的还创新不了，但由于钢筋混凝土的出现，结构上已经悄然地在变化着。

1. 大胆创新的水晶宫及其他

18 世纪末（1796 年），随着瓦特发明蒸汽机，英国首先开始了工业革命。到了 19 世纪，西欧和北美先后进入工业化时期。在这一时期，机器生产迅速取代手工业生产，工厂生产出来的铁和水泥开始用来盖房子。不久以后，钢和钢筋混凝土成了大型房屋的主要结构材料，房屋结构也由经验阶段走向计算的阶段。房屋的材料和技术出现了革命化的大变化。同时，随着城市的扩大和人们日常生活的复杂化，建筑物类型大大增加，不再是除了教堂就是住宅。人们要看电影、开博览会、举行体育比赛等。这些活动对房屋提出了多样复杂的要求。

再有呢，从房屋里面的设备来看，在 19 世纪以前，盖房子基本上是造一个遮风挡雨的壳子，没什么上下水，更没有电梯。到了 19 世纪，情况改变了，升降机、给水、排水、供暖设备等渐渐成为重要建筑物的必需品。建筑设备方面的进步大大提高了房屋的使用质量。

建筑形式上最先的突破口是博览会。随着国际交流和商业活动的增加，博览会在 19 世纪开始时髦起来。在 19 世纪，最突出的是 1851 年和 1889 年分别在英国和法国举行的两次大型博览会。

对于 1851 年博览会的建筑，我要多说几句，因为它可以说是现代建筑的报春花，领头羊。

1851 年 5 月 1 日，在英国伦敦的海德公园里，全球第一个世界性博览会揭幕，女王维多利亚亲自出席开幕式（图 6-1）。

出席开幕式的人惊讶地发现，自己处在一个前所未见的、高大宽阔而又非常明亮的大厅里面。在一片欢腾的气氛中，乐队高奏"天佑吾皇"，维多利亚女皇在乐曲声中剪彩。展馆内飘扬着各国国旗，室内的喷泉吐射着晶莹的水花。屋顶是透明的，墙也是透明的，到处熠熠生辉。人们仿佛走进了仙境，做了个"仲夏夜之梦"。于是他们把这座从来没有见过的建筑物称作"水晶宫"（Crystal Palace）。

图 6-1　博览会开幕式

这次博览会共展出来自英国和世界各地的展品 1.4 万件。展品中小的有新近问世的邮票、钢笔、火柴，大的有自动纺织机、收割机乃至几十吨重的火车头、700 马力的轮船引擎。这些产品全都从容地放在展馆里，一点儿不嫌拥挤。展厅内部空间之大，令人非常吃惊。

全盘主持了这个新奇的博览会建造的人是谁呢？他正是女王的丈夫艾伯特亲王。

开始筹建博览会时，一切都很顺利，厂家热烈拥护，各殖民地也纷纷表示赞同，许多大国也愿送来展品。艾伯特亲王在市内海德公园选好地址，并得到了政府的批准。

然而，在博览会的建筑问题上却出了麻烦：博览会预定在 1851 年 5 月 1 日开幕，开始筹建时却已经是 1850 年初了。真正是"时间紧、任务重"。

1850 年 3 月，筹委会宣布举行全欧洲的设计竞赛。很快的，筹委会共收到 45 个方案。但评审下来，竟然没有一个可用。主要的问题在于，从设计到开幕，一共只有一年零两个月，而博览会结束后，展馆还得迅速拆除。也就是说，这座展览馆既要建得快，又要拆得快。其次，展馆内部要求有宽阔的空间，里面要能陈列像火车头那样大的家伙，还要能容纳大量观众，还得有充足的光线，好让人能看清展品。当然，展厅还得有一定的气派，不能搞个临时性的棚子。这简直就是"又要马儿跑，又要马儿不吃草"的难题。

看惯了罗马希腊建筑的大师们脑子里都是砖石建造的肥梁胖柱厚墙深基的建筑物。许多人提出的方案都是伦敦圣保罗大教堂的翻版。别说这类建筑的空间有限，大型展品如何抬上那些高台阶，更要命的是，没有一个方案能够在 1 年多的时间里建成。

正当艾伯特一伙人焦头烂额时，一个人出现了。此人名叫帕克斯顿，时年50岁。他找到筹委会，说自己能拿出令他们满意的方案。筹委会将信将疑，可又没别的办法，只好答应让他试试。

帕克斯顿和他的合作者忙了8天，拿出了一个方案，还有预算。他的方案与所有人的都不相同。那是一个用铁棍子铁杆子组成的大大的框架，外面满铺玻璃，看上去就是一个大花房。这个铁架子长1851英尺（约564.2米），正合博览会开会的年份；宽408英尺（约124.4米）。上下共3层，由底往上逐层缩进。正当中是凸起的圆拱。中央大厅宽72英尺（约21.9米），展馆占地面积77.28万平方英尺（约7.18万平方米）。展馆的屋面和墙面，除了铁柱铁梁外，就是玻璃。

筹委会的人都傻了：啊？这是建筑吗？不过看上去倒是好建好拆。筹委会反复研究后，终于无可奈何地同意了这个方案。这已经是1850年7月26日。距博览会开幕还有9个月。

帕克斯顿，何许人也，是建筑师吗？答曰：否。他出身农民，23岁起在一位公爵家里当花匠，后升为花园总管。他曾为公爵造过一个折板形屋顶的温室。凭着这些经验，他去博览会筹委会毛遂自荐的。

别看他受教育程度不高，办事还真科学：接受了自己的方案后，帕克斯顿立即找来一位铁路工程师，跟他研究具体做法，又同材料供应商及施工方一起研究构造细节。他们甚至做了局部模型，试验安装满意之后，才找来工程公司画施工图。

这个方案一经被采用，立即招来许多非议。

以《泰晤士报》为中心，一派人反对在海德公园建这个庞大的铁和玻璃组成的"怪物"。反对声浪之大，使得这个"怪物"几乎被逐出海德公园，赶到郊外去。幸而赞同的一派占了上风，才保住了这个展馆（图6-2，图6-3）。

随着工地上这个大家伙一天天"长大"，反对的声浪又大了起来。各种各样的意见都有：有人反对把一棵大榆树包在建筑物里面（图6-4）；有人断言屋顶一准会漏水；有人说会有无数麻雀从通气孔里钻进去，然后满处拉鸟粪，损坏展品；有人预言，展馆将是欧洲各种反动分子和暴徒的集合处，开幕之日就是暴动之时；还有些教徒说举办博览会根本就是狂妄的举动，上帝将会因此惩罚英国；有位上校更是激愤地说，他要祈求上苍降下冰雹，砸毁"那个可诅咒的东西"。

幸亏艾伯特亲王毫不动摇，他顶着压力推进工程进度。展览馆工程在骂声中向前推进着，但施工进度却是神速的：整个工程在4个月内就完成了，所有铁件和玻璃都在工厂里生产好，裁剪好，工地所要做的只是安装。连水泥活都极少。大量的屋面和墙面玻璃只用同

图6-2　水晶宫的一个面

图 6-3
水晶宫的
另一个面

图 6-4
室内的植物

一种型号，即 124 厘米长、25 厘米宽。这是当时英国所能生产的最大面积的玻璃了。工厂基本只生产这一种尺寸的玻璃，速度自然很快。而工地上的工人也省心：80 名工人一周能安装 18.9 万块玻璃。也就是说，按一周 6 天工作算，每人每天安装 400 块玻璃。几乎是 1 分钟一块！

当然，那时英国的工业也已经比较发达了。单就玻璃来说，这个工程所用的玻璃面积为 8.36 万平方米，相当于 1840 年英国玻璃生产总量的 1/3。要说帕克斯顿也够损的，当年不定有多少英国人因为要给自家的窗户安玻璃而被告知"没货"。

1851 年 5 月 1 日，博览会按时开幕。在展览的 6 个月里，参观人数超过 600 万人。他们从世界各地来到这个工业最先进的国家，第一次坐上了火车，第一次看到许多前所未见的新鲜东西，眼界大开。这次博览会在经济上也获得了成功：纯利润有 16.5 万英镑（当时合 75 万美元）。这相当一部分得益于水晶宫的造价实在太便宜：按建筑体积算，它每立方英尺的造价只有 1 便士（相当于今天的人民币 6 元 5 角）！

为了保持展览馆的辉煌，展览馆的照明用了一种煤气灯。想来那东西亮度有限，全靠四面八方的玻璃，使得大厅里才能亮堂堂的（图 6-5）。

图 6-5　机械馆内部

博览会结束后，筹委会申请保留建筑，未获批准。1852年5月，在它存活了1年后，开始拆除。很有点儿商业头脑的帕克斯顿成立了一个公司，买下全部材料和构件，运到伦敦南郊的西德纳姆（Sydenham）重建，并扩大了规模。新水晶宫于1854年6月竣工，维多利亚女王亲临剪彩。二战期间为避免成为德军轰炸目标，于1941年彻底拆除。

帕克斯顿建造水晶宫有功，被封爵士，并当上国会议员，可说是一步登天。1865年去世，享年64岁。

现在，让我们把水晶宫和同在伦敦的圣保罗大教堂（图6-6）作个简单的比较吧。

图6-6
伦敦圣保罗
大教堂

圣保罗大教堂的建筑面积比水晶宫小 1/3，墙厚和水晶宫厚度比，是 21：1（前者 14 英尺，即 4.27 米；后者仅 8 英寸，即 20.3 厘米）。从工期来看，圣保罗大教堂从 1675 年修到了 1716 年，用了 42 年，而水晶宫用了 17 周，二者的比例是 128：1。当然，这两个建筑物性质不同，功能不同，建造年代不同，长相也不同。这里举它们的例子，只是要说明老办法不能解决新问题。

下面的两个例子显然是在水晶宫的感召下出现的，虽然也算是大胆，也属于先锋，但究竟还是第二个吃螃蟹的了。

1889 年是法国大革命一百周年的年份，为此，在法国举办的世博会上建有两座突出的建筑物：一个是机械陈列馆（图 6-7）；另一个是高 320 米的埃菲尔铁塔（图 6-8）。

图 6-7　巴黎世博会机械陈列馆

图 6-8　埃菲尔铁塔

巴黎世博会机械陈列馆运用当时最先进的结构和施工技术，采用钢制三铰拱，跨度达到 115 米。陈列馆共有 20 榀这样的钢拱，形成宽 115 米、长 420 米、内部毫无阻挡的庞大室内空间。

这个机械陈列馆是结构工程师维克多·康塔明（Victor Contamin）和建筑师杜忒尔特（C. L. F. Dutert）设计的。机械展廊不仅是用来展览机器，其本身就是一个"展出的机器"。它的内部有沿着高架导轨移动的参观平台，参观者可以坐在上面对全部展览品有一个全面而迅速的视野。巴黎世界博览会机械展廊对现代建筑最大的贡献就是大部分设计都是根据理论和力学方法决定的。所采用的变截面框架和简支于地基上的手法完全符合工程学的原理，验证了英国人托马斯·杨（Thomas Young）提出的弹性模量理论，创造了钢材铰链拱空前的大跨度结构空间。可惜，1920 年被拆除了。

埃菲尔铁塔占地面积 1 万平方米，耸立在巴黎市区塞纳河畔的战神广场上。除了四个脚是用钢筋水泥之外，全身都用钢铁构成，塔身总重量 7000 吨。塔分三层，从塔座到塔顶共有 1711 级阶梯，第一层高 57 米，第二层 115 米，第三层 274 米。除了第三层平台没有缝隙外，其他部分全是透空的。要是徒步爬上去，可真够呛的，幸好现在已经安装了电梯，不必担心上不去了。

埃菲尔铁塔得名于它的设计师，桥梁工程师居斯塔夫·埃菲尔。1889 年 5 月 15 日，为给世界博览会开幕式剪彩，居斯塔夫·埃菲尔亲手将法国国旗升上铁塔的 300 米高空。人们为了纪念他对法国和巴黎的这一贡献，特别还在塔下为他塑造了一座半身铜像。

19 世纪以前，世界上最高的建筑是德国乌尔姆市尖顶的大教堂（图 6-9），它的塔尖距地 161 米。但 1889 年巴黎世博会的机械陈列馆和埃菲尔铁塔，一个在跨度方面，一个在高度方面，都远远超过了老外的祖先所造的一切建筑物。

可惜，当时的法国人对这个庞然大物根得咬牙切齿。英国著名社会活动家 W. 莫里斯曾讥讽地说，他若再去巴黎，只愿待在铁塔底下，因为只有在那里，才能避免看见那到处可见的"丑恶的"的铁塔。当时社会上的一帮名流，包括我所崇拜的莫泊桑在内，还曾联名给政府上书，要求拆掉埃菲尔塔，还得"尽快"！

如今巴黎人最值得显摆的恐怕就算这个"丑恶东西"啦。

此一时，彼一时也。

看来保守派哪里都有啊。19 世纪后期西方的不少重要的建筑物，尽管使用功能已有进

图 6-9　德国乌尔姆大教堂

步，有的还采用了新型铁结构，但是外壳仍然基本上套用历史上的建筑样式。华盛顿美国国会大厦就是一例（图6-10）。

国会大厦坐落于美国首都华盛顿市中心一处海拔25.3米高的高地上。1793年，美国首任总统乔治·华盛顿亲自为它奠基，上院一侧在1800年完工，下院一侧在1811年完工。在1812年美英战争中，建筑曾被英国人焚毁，后修复。以后，在1851—1867年间，随着美国州的数量越来越多，议员的数目也大大增加了，原先的国会大厦不够用，于是大幅度地扩建，并且加了位于中央的巨型穹顶。

有了前面那些段落的铺垫，你看看这个国会大厦，像不像一个现代化的大楼加了个巴黎万神庙？不过这也怪不得当年的决策人。那会儿在世人眼里，尤其在欧洲人眼里，美国是个文明沙漠。为了显示自己的修养，都到了19世纪中叶了，还在建万神庙式的、毫无用处的穹顶呢。

图6-10　美国国会大厦

2. 美国的西班牙式建筑

以上提到的这些建筑，都是举世闻名的，"西方建筑史"里也讲到的。但还有一些建筑史上没有地位，却也挺有意思的建筑物，我要在这里说一说。

没来美国时，以为美国的建筑就俩字：高楼。其实不然。就拿我生活的加利福尼亚州来说吧，170 多年前，也就是美墨战争（1846—1848 年）之前，这里还属于墨西哥呢。再往前推四十几年，它还属于西班牙的殖民地呢。因此不但许多街道的名字是西班牙语的，就连不少"古"建筑也是西班牙人留下来的。典型的就是在加利福尼亚州建的 21 个"Mission"（天主教修道院）。下面，请看几个尚能称为建筑的天主教修道院吧。

从 1700 年开始，为巩固西班牙的殖民统治，便有西班牙教士不远万里来到美洲，为改变土著人民的信仰而奋斗。为此，在下加利福尼亚陆续建了不少天主教修道院。

1760 年，一些教士在军人的护送下，来到了上加利福尼亚（今日的美国加州）。其中最有代表性的是方济会（Franciscan）的一个叫塞拉（Junipero Serra）的神父。这位神父从西班牙来到下加利福尼亚（如今的墨西哥）已有 17 年了，一直没有立奇功、建伟业，这令冒险精神很强的塞拉不大甘心。心说："我从十六岁就出家了。媳妇不敢娶，女人不能看，所为何来？不就为干出点什么来吗。"

"上北边闯闯去？"有人建议道。

塞拉采纳了。当然了，单枪匹马的他也心虚，正好有一叫"破拖拉"（Gaspar de Portola）的总督受命上北边瞧瞧，于是把塞拉给拖拉上了。

这位塞拉老兄到了上加利福尼亚一看，好地方啊！尤其沿太平洋海岸一线，土地肥沃，草木茂盛。面对大海，他立下宏图：要在沿海建一系列的 Mission。从这个"Mi"到那个"Mi"不超过一天的骑马路程。你道为何？那是为安全着想。神父们也是肉眼凡胎，碰到月黑风高的日子，可巧上帝又打盹了，也会被"没有觉悟"的当地人杀死。在没电话更没手机的当年，要想建立联系，传递信息，只能靠骑马，还得在白天。

凭良心说，塞拉神父的工作是努力的，态度是积极的，成绩是非凡的。在一无图纸二无技术的当年，塞拉本人亲临指导，建了9个"Mi"（或曰7个）。

其他的神父们前仆后继地又建了12个。这就是如今北起旧金山（San Francisco）以北的小城索诺玛（Sonoma），南到圣地亚哥（San Diego）的21个或雄伟或矮小，或辉煌或荒凉的修道院了。

这些修道院在上加利福尼亚矗立了70来年。在这期间，他们"让"当地人信天主教，教他们认字，最主要的是指导他们种葡萄、酿酒、织布、养牲畜和制革。其实连教堂也都是当地的印第安人一块块地脱土坯，一条条地锯木头，才得以盖起来的。

这样一来，一个修道院往往占据一大块地方。它们是教会的当然领地，教士们呢，也就成了土财主。

在还没出现淘金热的当年，上加利福尼亚属荒蛮之地，修道院的建立，尤其他们的葡萄园、玉米地、牲口群和随之而来的制革、酿酒等手工业，在繁荣了教会自己的同时，也带动了刚刚起步的加利福尼亚的经济。甚至可以说，他们成了当时加利福尼亚经济的栋梁。

不过、在地震、水灾和人为的共同破坏之下，原本就谈不上辉煌的修道院们便日益破烂下去。到了 20 世纪初，几乎都快被夷为平地了。

1982 年后，在加利福尼亚州政府的支持下，重建工程大张旗鼓地进行了几年，21 个修道院几乎都得到不同程度的修复或重建。

这些修道院也谈不上有什么建筑形式。虽然欧洲大陆上早已有了罗马式、哥特式的极其雄伟壮丽的大教堂，但据我猜想，没有哪个成名的建筑师愿意跑到这块荒蛮的、几乎与文明无关的美洲大陆来，在乡村里瞎费牛劲地盖一个谁都看不见的房子。仅凭教士们对自己的西班牙老家建筑的印象，加上简陋的土坯之类的建筑材料，也玩不出太多花样来。看看那些一律是简单的两坡顶的修道院就知道了。

修道院几乎都是明快的地中海色：米黄加红。

圣芭芭拉修道院 /Santa Barbara Mission

这是"Mission"系列中的第 10 个。建于 1786 年 12 月 4 日（奠基）。

最初的修道院布局是个大四合院。教堂部分的结构用的是大原木，墙体用土坯。屋顶甚至用的是茅草。但能用土坯建起如此美丽的拱券来，实属不易。

后面的宿舍、食堂等辅助用房也用土坯搭建。为"培训"土著人，还在旁边专门搭了够 200 人住的平房。

由于没施工机械，主教堂磨磨蹭蹭盖了 9 年，直到 1794 年才竣工。18 年后，毁于 1812 年大地震。幸亏在这期间，建筑材料有所发展。

到重建之时，改用大石块了。

从主教堂的建筑形式看，有明显的三段式划分（图6–11）。从上到下三段，从左到右也是三段。单就主体部分看，是个对称体，可西面长长的一溜拱券又使整个立面极不对称，反倒是属于均衡类。色彩则是明快的地中海色：米黄色加红色。很平民化。这令整个建筑很有亲和力。

1925 年的一次大地震，把这美丽的石头修道院又给毁了。1927 年，教会花了 40 万美元进行了修复。1950 年又再次用现代建筑材料仿古地重建了一回。我们现在看见的，应该是那年重建的结果。

这个"Mi"算是 21 个里最具规模且最漂亮的了。

图 6–11
圣芭芭拉
修道院

圣盖博修道院 /San Gabriel Arcangel Mission

这个"Mi"几乎就在我们家门口,但它实在不起眼,过来过去不知多少回了,竟不知道这是个古物。直到此番要走遍 21 个"Mi",才重新认识了它(图 6-12)。

据史书记载,它是"Mi"系列的第四座,始建于 1771 年 9 月。不知那会儿塞拉上哪儿去了,大约忙别的事去了,这座修道院的设计,建造者是神父"看破"(Cambon)及"搜没拉"(Somera)。它地处富庶的圣盖博河谷,这里盛产小麦、玉米,还有大群的牛羊给人们提供肉、皮、毛和油。用油可做蜡烛和肥皂。怪不得这里被誉为"Mission 里的皇后"。

本来圣盖博河谷就是墨国人北上和美国人东来的必经之路,有这么个好地方歇脚,那些累得半死的旅行者们可真是高兴死了。他们纷纷念叨着:"感谢上帝赐我等丰富的食粮。阿门!"在此大吃大喝。弄得修道院里的"洋和尚们"都快成大厨了,整天买菜做饭。

图 6-12
圣盖博修道院

走进"Mission"，可以发现它拥有一个相当大的院子。很像大花园。由于建筑材料是土坯，因此门窗明显地特别小。尤其西立面，序列感很强的、带有装饰性的抗风柱和毫无装饰的窗子是它区别于其他修道院的一大建筑特点，

这里除了修道院外，还有近 100 年的葡萄架（包括葡萄）、酿酒厂、蓄水池、储藏室和厨房。甚至还有做肥皂的四口大锅。除了不能产粮食，几乎应有尽有。

圣布埃纳文图拉修道院 /San Buenaventura Mission

圣布埃纳文图拉修道院小的很。除了修道院本身外，就一个小院子。主入口在大街上，一般不开，因为不好收钱吧。侧面的入口做了些很可笑的重点处理，很像热情的教士们自己所为（图 6–13）。

但想当年它还是很有点儿规模的。前几年美国的考古（美国还有古？）人员曾在此"Mi"的对面挖出一些看来是曾属于它的物品。可惜那块地方不归它们久矣。个中遗憾只能寄托在小小的模型里了。

这里地处平原，没有水源。"塞拉们"愣从十几公里远的大山里引来了河水把它浇灌。这一引水工程虽比不得都江堰，在当时荒芜的"新西班牙"北部，也算是轰动的大工程了。

这一来，教会便可以重操他们的老本行了：种葡萄，酿酒，卖酒。很快他们的腰包就鼓了起来。

图 6-13　修道院南立面

第一茬木头修道院在烈火中丧生了之后，1809 年又盖了个石头的，
心说这回烧不着了吧。谁知才过了三年，就赶上 1812 年大地震，石
头的倒是经烧，可不经摇晃，又给毁了。

不过我主没地方待是不行的。很快的，在瓦砾堆上又盖起一新的来。
有钱就是好啊，主看着都高兴。

1836 年，修道院被世俗化了。幸亏它地处闹市，附近居民需要一
个修道院。虽然不归西班牙天主教管了，好赖还被当作修道院用。
1957 年，美国政府斥资把里里外外都重修了一遍。

圣伊内斯修道院 /Santa Ines Mission

一进那个叫索尔旺(Solvang)的小城,就看见街道两旁都是欧式建筑,
还有风磨。怪不得人们管它叫丹麦城呢。

圣伊内斯修道院(图 6-14)是"Mi"系列的第 19 座,奠基人"塌鼻
子"(Tapis)大概是塞拉的徒孙了。他找的又是块富庶的地方,圣
伊内斯河谷。亿万年的河床沉积使得这里有宽达 1046 千米平坦而肥
沃的土地。这里是加利福尼亚州沿海的主要农业区。

在这片美丽的土地上盖修道院,工程进度很受影响。1804 年开工,
8 年后才盖好了一座院子、一个土坯修道院。竣工之日正是地震之时,
转眼工夫 8 年的心血白费。直到 1817 年,才又重建。

图 6-14 圣伊内斯修道院

跟其他"Mi"一样，为维持庞大的牲口群和种植业，建了一个复杂的供水系统，把好几千米以外的山水引来。

当初这里是如此的荒凉，除了干活的印第安人和少数神职人员外，很少有外人。以至于只要有人来访，神父立刻命人去敲钟，表达心中的高兴和欢迎之情。

1834 年，教会被迫将多年来积蓄的一切，包括房屋、土地、牛羊、作坊等都卖给了迁移到此的墨西哥富人，然后西班牙教士就打道回国了。

1904 年以后，历经 20 年的集资、招工等工作后，这座位于丹麦城东端的老修道院才恢复了生机。

拉·普里西马修道院 /La Purisima Mission

拉·普里西马修道院，这就是 1787 年建的第 11 号"Mi"（图 6-15）。"荒凉、原始"是我们对它第一、也是最深的印象。它荒凉得连个神职人员都没看见。倒是有些干皮子挂在破木头架子上，还有一挂老牛车向我们诉说着它的创业史。

在这里，我们看见在别处没看见的东西：兵营！在兵营里有一排排的行军床，墙上挂着枪，桌子上摊着饭碗、刀叉、扑克牌。在木头椅子后头，我们甚至看见刑具！上下两块木头，各自有个半圆的缺口，显然是夹人脚脖子用的。边上赫然放着鞭子。

其实，当初这里也繁荣过。据外面的一块牌子记载，在它的农场和作坊里曾有 1000 工人。30 多年后的 1820 年，这里连神职人员、士兵、工人，还有 874 人，9500 头牛，126000 只羊，1305 匹马，288 头骡子，还有鸡、鸭、鹅、火鸡、天鹅等近 200 只。

图 6-15 所谓的钟楼

如今,在不算小的畜栏里,我数了数,只有 10 只羊、3 匹马、2 头驴和一头黑色的大公牛,动物园似的吸引着附近那些无处可玩的农户的孩子。

1812 年 12 月 21 日一大早,剧烈的地震把大地摇晃了有 4 分钟之久,半小时后,正当人们惊魂稍定,要进屋去抢救东西时,再次的地动山摇把勉强站立的房架又给震倒了。紧接着一场倾盆大雨,冲走了所有的东西。后来,顽强的教士们招来了印第安人,又原地原样重建了一个。

1824 年某日,一名新入教的印第安人无端遭教士鞭打,众印第安人愤怒地与教士起了冲突。教士有士兵保护,吃亏的自然是印第安人了。又有两名印第安人被打死。忍无可忍的印第安人终于爆发了起义。这场冲突持续了近一个月。地方官动用了军队，打死 16 名印第安人，伤的就更多了。起义被镇压，领头的 7 个被杀害，另有 18 人被关进监牢。

1944 年，在一个石油公司资助下，修道院的建筑物得以恢复，大片的土地和牧场被当作"历史公园"向公众开放。

圣路易斯·奥比斯波修道院 /San Luis Obispo Mission

这个河谷名叫"熊谷"。而且当年真有很多熊，还伤过人。塞拉雇了印第安猎人来打熊。一来为民除害，二来卖熊肉给附近居民，换取钱财。

这个修道院（图 6-16）于 1772 年动工。可惜呀，不是所有的印第安人都愿意与教会合作。大多数当地的印第安人不喜欢这些说着听不懂的西语的白皮肤的人。他们经常向修道院的草房顶射来火箭，且一个

图 6-16
圣路易斯·奥
比斯波修道院

着了火，马上烧一大片。这令"塞拉们"大为苦恼。怎样才能使房顶不那么易燃呢？

有一聪明人说："咱老家的房子用的是黏土瓦的顶子，为何不试试做黏土瓦？"一语惊醒梦中人。一干人等开始试制黏土瓦。经过若干次失败，终于成功了。这种瓦不但免去了着火之烦，也在一定程度上保护了土坯墙不至于被雨水冲刷得太厉害。这里于是竟成了加利福尼亚州黏土瓦的发源地和生产基地。先头是手工做，后来发展到了半手工脱坯，半机械焙烧。

值得注意的是，它美丽的柱廊（图6-17）竟用了类似柱式的建筑形式。

和其他教堂一样，它在1834年的世俗运动里也未能幸免于难。等到1845年有人打算买它时，其价值也就剩原先的1/4了，这还包括牲畜群，总共才值510美元。

图6-17
颇为壮观的
柱廊

圣米格尔天使长修道院 /San Miguel Arcangel Mission

圣米格尔天使长修道院，第 16 个"Mission"。探进头看了看，院子里几间破房，哪个房子也不像正使用的修道院的模样，也没有什么人看着什么狗。倒是当做围墙的土坯墙和柱子还有点意思。只好看看资料上是怎么说的吧。

据说这个建于 1797 年的"Mission"刚一建成，就受到当地印第安人的欢迎。一天之内有 15 个孩子同时受了洗礼。然后，这些新信徒们开始卖力地制作土坯，好来建一个大教堂。两年的工夫，土坯脱够了，教堂盖好了。他们专门从西班牙请来画家，为这所简陋的修道院画内部的壁画。还据说，那些壁画极精彩。修道院外的喷水池也还算看得过去。

在修道院世俗化时，这里被卖给了一家叫威廉·里德（William Reed）的人家。后来，他们全家不幸被来西部淘金的流浪汉杀光。这些恶棍后来全部被绳之以法了。

溜达这 21 个加利福尼亚州的教堂，我几乎用了一个多月的休息日。为了省钱和好玩，我带着帐篷，走到哪儿就在哪儿的露营地（加利福尼亚州有专门的露营地，要付钱，一般的一晚上收 24 美元）安营扎寨。一边唱着"在密密的树林里到处都安排同志们的宿营地"，一边搭帐篷、生火、烤自己带来的食品。好不快活。

第七章 20 世纪，变化的脚步加快啦！

1. 恋恋不舍的复古情结

19 世纪这种留恋古风的情形还延伸到 20 世纪，例如 20 世纪初在华盛顿建造的林肯纪念堂和杰斐逊纪念堂都采用十分地道的古典建筑式样。如今的人都难以想象，美国人竟然如此保守。可在 19 世纪，美国人为改变"荒蛮、文化沙漠"的形象，极力地学习欧洲古典。这种心情还是可以理解的。

林肯纪念堂（图 7-1）于 1915 年 2 月 12 日，林肯生日那天破土动工，1922 年 5 月 30 日竣工。它坐落在华盛顿摩尔林荫大道末端的一处人造高地上，整座建筑呈长方形，长约 58 米，宽约 36 米，高约 25 米，面积为 2200 平方米。纪念堂吸取了古希腊神庙的传统手法，看上去有点像古希腊的帕提农神庙，但没有通常希腊神庙的山花，而是一个退进去的屋顶层，放在古典柱式的顶部。36 根白色的大理石圆形廊柱环绕着纪念堂，象征林肯任总统时所拥有的 36 个州。每个廊柱的横楣上分别刻有这些州的名字。

图 7-1
林肯纪念堂

杰斐逊纪念堂（图7-2）坐落于美国华盛顿哥伦比亚特区，是为纪念美国第三任总统托马斯·杰斐逊而建，1938年在罗斯福主持下开工。

这座纪念堂完全是按罗马神殿式圆顶建筑风格设计，它是一座高29.26米的白色大理石建筑。1943年4月13日是杰斐逊诞生200周年，杰斐逊纪念堂落成并向公众开放。

当然，对于纪念性的建筑，采用古典式样以求端庄，也是不错的选择。2010年秋我和老公在杰斐逊纪念堂前的草地上看见有人在举行结婚典礼。可见人们对它的喜爱程度。

图7-2　杰斐逊纪念堂

瑞典斯德哥尔摩市政厅（图7-3）也是一个传统风格的建筑物。

20世纪20年代，创造新建筑风格的呼声已在西欧兴起，而保守的复古建筑风格仍保持着强劲的势头。1923年落成的这幢市政厅即是尊重和继承传统的一种表现。

不过应该说，斯德哥尔摩市政厅尊重古典建筑但又不受其限制，将历史上的多种建筑风格与手法融合在一起。这座庞大的褐红色建筑，被认为是民族浪漫主义建筑的一个精品。

斯德哥尔摩市政厅整个工期12年，它的落成仪式于1923年6月瑞典第一个国王古斯塔夫·瓦萨就任四百周年纪念时举行。

图7-3　斯德哥尔摩市政厅

2. 新建筑时代终于到了

开始有点特殊味道的建筑物是芬兰赫尔辛基火车站（图 7-4）。

这座在当时算是很新颖的火车站建于 1906—1916 年，是北欧早期现代派的重要建筑实例，其风格是从古典到现代的过渡时期建筑。它轮廓清晰，体形明快，细部简练，既表现了砖石建筑的特征，又反映了向现代派建筑发展的趋势。虽有古典之厚重格调，但在体型上高低错落，方圆相映，因而显得生动活泼，被视为 20 世纪建筑艺术精品之一。

赫尔辛基火车站的设计者是著名建筑师艾里尔·沙里宁（Eliel Saarinen，1873—1950）。赫尔辛基火车站是他的浪漫古典主义建筑的代表作。

图 7-4
赫尔辛基
火车站

还有一个例子，也比较特殊，那就是巴塞罗那米拉公寓（图 7-5）。设计米拉公寓的西班牙著名建筑师高迪（Atonio Gaudi，1852—1926）是 20 世纪初西班牙最著名、也最不拘一格的建筑师。他以浪漫主义的幻想使雕塑艺术渗透到三度空间的建筑中去。实际上我看他是把建筑当泥巴在耍。这个米拉公寓，跟你想象中的建筑沾边吗？显然这位高迪是个想起一出是一出的人。

米拉公寓是高迪的代表作之一，1910 年建成。高迪设计这座公寓时，重点放在形式的艺术表现方面，尽力发挥想象力，建筑造型奇特、诡异。

图 7-5　巴塞罗那米拉公寓

之所以出现了高迪设计的这类奇形怪状的建筑（图7-6），有它的大环境。19世纪后期，在欧洲意识形态领域里陆续出现了一些新的文化艺术思潮。

就拿绘画来说吧。欧洲的绘画艺术有长久的写实的传统。因为古时候没有照相机，可上至国王，下至有爵位的大人物，都想把自己的或丑或美的模样留下来，以便流芳百世。于是画家们有活儿干了，不是画国王皇后，就是画达官贵人及夫人小姐。有时候也画画自己。

有一个故事，说明写实的画家也有难处。

故事说的是有一位国王，人长得倒还算英俊，可惜的是独眼，外加俩腿不一样长，说白了就是瘸子。某日，他请来宫廷画家为他画像。画完了，国王一看，嘿！还真敢写实！于是大喝一声："拉出去砍了！"

第二个画家看见前任的下场，战战兢兢地画了两只大眼睛和一双健壮整齐的腿。国王一看，啊？马屁精啊这是，于是又大喝一声："拉出去砍了！"

图 7-6　高迪设计的另一建筑物

第三个画家来了。他请国王把一只腿（瘸的那只）蹬在板凳上，手里拿把猎枪，眯起一只眼（瞎的那只）做瞄准状，画了一幅像。这回，他得到了一袋金子的赏钱。

动脑子很重要啊，无论干哪一行的。

19世纪60年代末，法国出现印象派的绘画运动，对统治欧洲艺术数百年的清规戒律提出异议。1874年，这个派别的画家举办独立画展，公然与占统治地位的法国艺术学院抗衡。

印象派之后，欧洲出现更多的美术流派，人人各行其是，大胆试验，在大大小小的画布上胡涂乱抹。其共同的特点是作品趋于抽象，反对写实。可也是，都发明了照相机了，与其费半天劲画写实的东西，不如"咔嚓"一下照张相得了。

法国画家塞尚（1839—1906）被称为"现代绘画之父"，代表作有《苹果和橘子》等；另一个法国画家莫奈，比塞尚小一岁，被认为是印象派的主创，他的代表作是《印象·日出》；再一位是英国的雕塑家亨利·摩尔，他的还有点人模样的作品《王与后》至今矗立在苏格兰的旷野之中；最后是西班牙画家达利（1904—1989），他被称为"超现实主义"，其代表作为《内战的预感》。

当绘画和雕塑艺术的新风格已经出现时，建筑艺术新风格的出现就是顺理成章和不可避免的事情了。19世纪末到20世纪初，一些主张创新的建筑师们的活动，汇合成为所谓的"新建筑运动"。与此同时，一批新鲜的建筑物出炉了。

德国柏林AEG透平机工厂（图7-7）由德国著名建筑师贝伦斯（Peter Behrens，1868—1940）设计，1909年建成。这座厂房采用三角拱。

建筑师在处理厂房建筑时，让钢柱袒露在外墙表面，屋顶轮廓与折线形钢架配合，墙上开着大片玻璃窗。它的建筑造型贴近结构与功能的要求，具有敦实宏伟的气势。从这个建筑里，你看不出一丁点儿古希腊古罗马建筑的影子了吧。而且在20世纪初，贝伦斯以一个大建筑师的身份认真地去给一个工业厂房做设计，真也是开风气之先的举动。

德国法铬斯工厂（图7-8）是又一个新型建筑，它是1911年由建筑史上大名鼎鼎的格罗皮乌斯（Walter Gropius，1883—1969）及其助手设计的。

图 7-7　柏林 AEG 透平机工厂

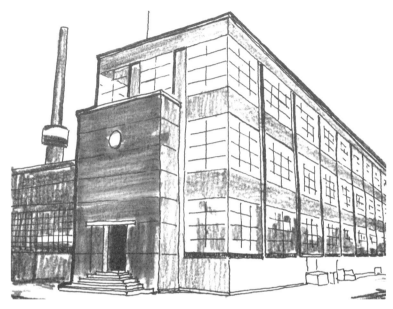

图 7-8 法铬斯工厂

其实法铬斯工厂只是一个制造鞋楦子的小工厂，却找了一位世界级的大师做设计，不能不说有点儿奇怪。它的办公楼部分采用平屋顶，墙面大部分为玻璃与铁板做的幕墙，转角处不设柱子，建筑形象比较轻巧。这在今天已是非常普通的做法。不告诉你，谁都以为这是中国的一座县办工厂呢。但在100年前，它却是一种大胆的突破，因而这个工厂在20世纪建筑史上具有开创意义。只是不知鞋楦子是否因此卖得好些。

第一次世界大战后，西欧各国的战后经济都十分困难。严重的房荒促使社会需要便宜的住房。一部分头脑灵活的建筑师们开始不再只是奢谈艺术，而是面对现实，注重经济，注重实惠。

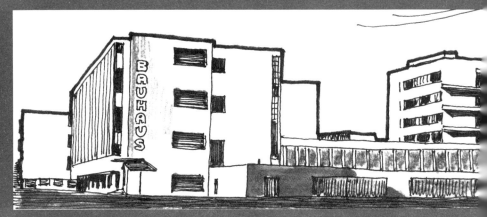

图 7-9　包豪斯校园

这种情况在德国尤其突出。德国原来是工业强国，战后成了战败国，各方面都遇到极大的困难。然而，困难和机遇总是同时并存着。格罗皮乌斯抓住了这一时机，于 1919 年在德国魏玛创办了一所新型的设计学校——国立魏玛建筑学校（Das Staatlich Bauhaus Weimar），简称包豪斯（图 7-9）。

此建筑群由格罗皮乌斯亲自设计。建筑占地面积为 2630 平方米，总建筑面积面积约 1 万平方米。整个建筑群体现了"包豪斯"的设计特点：重视空间设计，强调功能与结构效能，把建筑美学同建筑的目的性、材料性能、经济性与建造的精美直接联系起来（图 7-10、图 7-11）。

格罗皮乌斯在他设计的包豪斯校舍的实验工厂中首次充分地运用玻璃幕墙。这座四层厂房，二、三、四层有三面是全玻璃幕墙，成为后来多层和高层建筑采用全玻璃幕墙的先声。

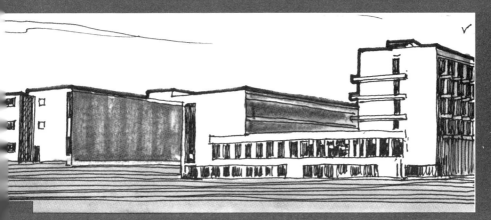

图 7-10　包豪斯校园的另一个侧面

图 7-11　包豪斯的过街楼

包豪斯学校的教学方针与方法均对现代建筑的发展产生了极大的影响。

不过，至今仍有不少人对它有意见，认为它完全割断了历史，不尊重传统。嘻，林子大了，什么鸟都有。不足为奇。

在法国，另一大师勒·柯布西耶（Le Corbusier，1887—1965）也扯起了现代主义的大旗。他号召建筑师向工程师学习，从轮船、汽车乃至飞机等工业产品中汲取建筑创作的灵感。他甚至给住宅下了一个新定义："住宅是居住的机器。"其实，勒·柯布西耶也非常重视建筑艺术，但当时他提倡的是一种机器美学。这当然是比较偏激的。可不如此偏激，怎么能引起人们的注意呢。

1927年，在德国建筑大师密斯·凡·德·罗主持下，于德国斯图加特市郊区举办了一个新型住宅建筑展。参加者都是当时著名的现代主义派建筑师。展出的住宅（图 7–12 ～图 7–16）一律为平屋顶，白色墙面，形象简洁，显示了 20 世纪 20 年代现代主义派建筑师为满足低收入者对经济实惠的住宅的大量需求所做的努力。这次住宅展对现代主义建筑潮流的传播起了重要作用，对解决房荒也有帮助。

图 7–12　密斯设计的公寓

图 7-13
奥德设计的联排式住宅

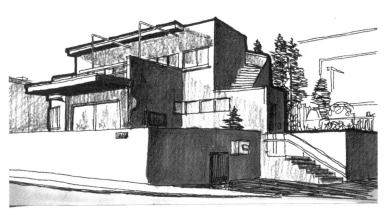

图 7-14
沙隆设计的小住宅

图 7-15
勒·柯布西耶设计的联排式住宅

图 7-16
里特维德设计的
独立式小住宅

3. 现代派正式登上历史舞台

由于很多人看不惯这些简单的方盒子建筑，老百姓不管你是什么名建筑师，整天骂他们。这些人决定团结起来扩大自己的势力和影响。1928 年，来自 12 个国家的 42 名新派建筑师在瑞士集会，成立了一个名叫"国际现代建筑协会"（Congres International Architecture Moderne，简称 CIAM）的国际组织。在他们不懈的努力和当时西方社会文化界总的现代主义思潮的影响下，现代主义建筑的作品在 20 世纪 20 年代末的西欧逐渐成熟起来，并向世界其他地区扩展。其中的代表作就是我们在上面提到的德国的包豪斯校舍、斯图加特市的新型住宅建筑展中展出的建筑。

图 7-17 所示为巴黎附近的萨伏伊别墅（1928—1930 年建，及法国马赛公寓（1946—1952 年建）也是这一时期的新型建筑的代表作。

图 7-17 萨伏伊别墅

萨伏伊别墅位于巴黎郊区，是勒·柯布西耶早期的重要建筑作品之一。

1914 年，勒·柯布西耶用一个图解说明现代建筑的基本结构是用钢筋混凝土柱子和板片组成的框架。1926 年，他又提出"新建筑"的五个特点：①底层的独立支柱；②屋顶花园；③自由的平面；④横向长窗；⑤自由的立面。萨伏伊别墅的设计体现了他的这些建筑理念。别看这座方盒子的建筑物形体简单，但是内部空间却相当复杂。萨伏伊别墅同欧洲已往的传统的大屋顶住宅大异其趣。

虽然这类方块建筑如今满处都可以见到，但在当时，它却表现出 20 世纪现代主义建筑运动激进的革新精神。

1929 年巴塞罗那博览会德国馆（图 7-18、图 7-19）就更是简洁得不像建筑了。它的设计者是著名建筑师密斯。

这座展馆内部并不陈列很多展品，而是以一种建筑艺术的成就代表当时的德国。它是一座供人观赏的亭榭。实际上，它本身就是一个展览品。

密斯在这个建筑物中完全体现了他在 1928 年所提出的"少就是多"的建筑处理原则。整个建筑物立在一个薄薄的基座之上，主厅有八根金属柱子，上面是一片薄薄的平屋顶。墙体分大理石的和玻璃的两种，也都是简单的薄片。墙板纵横交错，有的还延伸出去作为院墙，由此形成一些既分割又连通的半封闭半开敞的空间。然而设计者对建筑材料的颜色、质地、纹理的选择十分精细，搭配非常考究，比例推敲严格，使展馆具有一种高贵、雅致、鲜亮、生动的品质。向人们展示了历史上前所未有的建筑艺术质量。

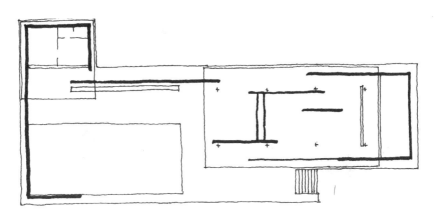

图 7-18
巴塞罗那博览会德国馆平面

图 7-19
巴塞罗那博览会德国馆立面

博览会结束，该馆也随之拆除了，存在时间不足半年，但其对 20 世纪建筑艺术风格所产生的重大影响一直持续着。

半个世纪以后，西班牙政府于 1983 年决定在它的原址——现西班牙巴塞罗那的蒙胡奇公园里重建这个展览馆。由西班牙著名建筑师 C. 锡里西等主持。

记得在西方建筑史课上，我们的老师吴焕加先生对它也是很推崇的。

巴黎瑞士学生宿舍（图 7-20）是勒·柯布西耶为瑞士留法学生设计的一座学生宿舍，位于巴黎大学城，1932 年建成。宿舍主体高 5 层，长方形平面，底层敞开，只有几对柱墩。每个宿舍房间都有很大的玻璃窗。主体后面连接单层的形状不规则的附属建筑。两者之间形成高低、曲直的对比。这座简朴而新颖的建筑在当时曾受到守旧人士的抨击。

图 7-20
巴黎瑞士学生
宿舍

图 7-21 芬兰帕米欧肺病疗养院

帕米欧肺病疗养院（图 7-21）是芬兰著名建筑师阿·奥尔托的作品，1933年建成。

疗养院的设计细致地考虑了疗养人员的需要，每个病室都有良好的光线、视野和安静的气氛。建筑造型简洁、清新，给人以开朗、乐观、明快的感觉。对于恢复身心健康很有帮助。

荷兰鹿特丹万勒尔烟草工厂（图 7-22）于 1929 年建成。它采用当时还很新颖的钢筋混凝土无梁楼盖，墙面开着大片玻璃窗，轻盈明亮，加之环境优美，使它与旧日工厂沉重灰暗的面貌完全不同，因而获得声誉。

图 7-22
鹿特丹万勒尔
烟草工厂

图 7-23 ~ 图 7-25 所示是法国马赛公寓（1946—1952 年建）。它是二次世界大战刚刚结束时，勒·柯布西耶为法国马赛郊区设计的。这座公寓楼可容纳 337 户约 1600 人居住。大楼里有多家商店和多种公用设施，每户占两层，户内有单独楼梯，屋顶上还有幼儿园和游泳池等运动设施。

这座大型公寓式住宅是他理想中"居住单位"设想的第一次尝试。一个"居住单位"几乎可以包含一个居住小区的内容，设有各种生活福利设施，一栋建筑就成为一个城市的基本单位。就跟福建的土楼差不多。

马赛公寓的预制混凝土外墙板，在现浇混凝土模板拆除后，表面不加任何处理，让粗糙的混凝土暴露在外，表现出了一种粗犷和敦厚的艺术效果。

图 7-23
马赛公寓外貌

图 7-24 马赛公寓底层

图 7-25 马赛公寓屋顶运动场

比较特别的是德国建筑师门德尔松（Eric Mendelsohn，1887—1953）的作品——爱因斯坦纪念馆（图7-26）。它位于德国波茨坦市，1924年建成。1917年爱因斯坦提出了广义相对论。这座天文台是为了这件事而建造的。相对论对普通人来说似乎很神秘。门德尔松就用"神秘"作为建筑造型的主题，用砖和混凝土塑造了一个混沌的体型。

上述的这几座有代表性的现代主义建筑，它们的共同特点是以简单的几何形体（方块、圆柱）为基本元素，墙面平整光滑，非对称，布局灵活。建筑师注意发挥钢筋混凝土结构轻巧的特点、金属和玻璃的晶莹光亮，使建筑物看上去简洁明快、清新活泼。由于它们跟历史上那些大石头砌筑的臃肿的厚墙建筑反差极大，从而具有鲜明的时代感，令人耳目一新。

4. 美国走了捷径，建筑直接现代化了

1933年，德国建立法西斯政权，希特勒为表示他有文化，大力提倡采用古典建筑形象，反对现代主义新建筑。包豪斯学校被解散，格罗皮乌斯、密斯等人被迫移居美国。这倒使得美国不费吹灰之力就得到了一批国际级的建筑大师，对日后美国的建筑迅速现代化起了不小的作用。

美国在人们心目中是个新兴的国家，但在建筑形式方面却长期盛行着仿古或半仿古的风格。

1929 年爆发于美国的经济大萧条后，一向奢侈的美国人开始以一种冷静务实的态度重新审视现代主义思潮。他们发现欧洲新兴起的这种简单朴实却又不失美观的建筑形式，很符合罗斯福总统新政时期对建筑的要求。而格罗皮乌斯、密斯等德国包豪斯人士来到美国后，在建筑院校任教，正好为美国培养新一代现代派的建筑师，为日后美国建筑的现代化打下人才基础。

很快地，美国迅速取代欧洲成了二战后世界上出现的所谓现代主义建筑最繁荣昌盛的地方。一个个造型简单、功能齐全的或高或矮的"方盒子""长方盒子""带尖的长方盒子"如雨后春笋般出现了。

这两个瘦高条建筑，一个是位于纽约曼哈顿东部的克来斯勒大厦（图7-27）。大厦始建于 1926 年。楼高 318.9 米，共 77 层。它是全世

图 7-26 爱因斯坦纪念馆

图 7-27 克莱斯勒大厦上部

界第一栋将钢材运用在建筑外观的摩天大楼。新奇的尖塔和有魅力
的顶部，成为这栋建筑的主要看点。在帝国大厦完工之前，它一直
是纽约最高的建筑。

另一个是纽约帝国大厦（图 7-28）。这个尖楼耸立于曼哈顿市区，
高达 443 米，在上面可以环视四周的地平线的美景。帝国大厦 1930
年 3 月 1 日开始设计，1931 年 5 月 1 日全部竣工交付使用，前后只
花去一年零一个月时间。它的底层面积为（130×60）平方米，向上
逐渐收缩。到了 85 层以上缩小为一个直径 10 米、高 61 米的尖塔，
塔本身相当于 17 层，因此帝国大厦号称 102 层。塔顶距地 380 米。

帝国大厦在世界贸易中心兴建之前，一直是纽约市最高的建筑，并
且在很长一段时间内也是全球最高的建筑。

图 7-28 帝国大厦主体

高层商业建筑，特别是被称为摩天大楼的超高层建筑，是现代美国最发达和最有代表性的建筑类型。以上列举的两栋摩天大楼装饰很少，形象趋于简洁，但实际已经不担负承重任务的外墙仍保持砖石的厚重的外貌。这让依然持保守态度的人心里好过一些，眼睛也舒服一些。

到了 20 世纪 50 年代，美国的高层和超高层建筑形象骤然大变。1947 年到 1953 年兴建的联合国总部秘书处大楼是一个板片式房屋，两个大面从上到下全是玻璃，建筑形象与传统几乎完全绝缘。联合国建筑群是由美国建筑师 华莱士·哈里森（Wallace Harrison）工作小组设计（梁思成先生曾参与工作），图 7-29 所示那个直得像火柴盒的大楼就是联合国总部秘书处大楼。

纽约的利华大厦（Lever House）1951—1952 年建，是世界上第一座玻璃幕墙的高层建筑（图 7-30）。它的设计者是 SOM 建筑设计事务所。建筑高 24 层，上部的 22 层为板式，下部两层是正方形的基座。它的外墙全部采用浅蓝色玻璃幕墙。这栋楼开创了板式高层全玻璃幕墙建筑的新手法，成为当时风行一时的样板。

纽约西格拉姆大厦——又一个方盒子（图 7-31），建于 1954—1958 年，大厦共 40 层，高 158 米，设计人为密斯和当时尚属青年建筑师的菲利普·约翰逊（Philip Johnson，1906—2005）。大厦主体为竖立的长方体，除底层及顶层外，大楼的幕墙墙面直上直下，整齐划一，没有丝毫变化。窗框用钢材制成，墙面上还凸出一条工字形断面的铜条，增加墙面的凹凸感和垂直向上的气势。整个建筑的细部处理都经过慎重的推敲，简洁细致，突出材质和工艺的审美品质。

可是如果看看菲利普·约翰逊后来的作品，你准会惊讶同一个人竟能做出如此不同风格的建筑来。

图 7-29
联合国总部秘
书处大楼

图 7-30　纽约利华大厦

图 7-31　西格拉姆大厦

在纽约曼哈顿地区,比较著名的高层建筑还有曼哈顿大通银行(1955—1964年建)、联合碳化物公司(1957年建)、汉诺威制造商信托公司、飞马石油公司、百事可乐公司、西格拉姆酿酒公司等。

在20世纪50年代一个不长的时期,纽约繁华大街重要地段的大楼如雨后春笋般地冒了出来,街道景观大变。美国其他城市以及世界许多大城市也出现类似的变化。这股风迅速刮到了世界其他大城市里。

让我们来看看在摩天大楼高潮影响下的作品吧(图7-32)。总的趋势看起来是越来越高啊!

当然,现代派的建筑师如密斯,也不是只做高层建筑,他在1955年为他所执教的伊利诺伊州工学院设计的克朗楼(图7-33、图7-34),就是矮方盒子的例子。

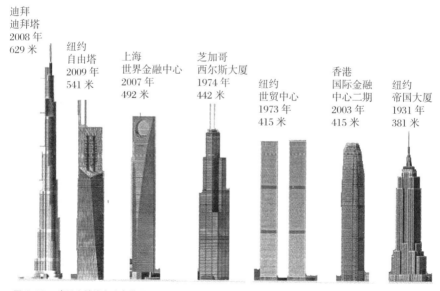

图7-32　摩天大楼拔高比赛结果

图 7-33 伊利诺伊州工学院克朗楼

图 7-34 克朗楼入口

克朗楼是工学院建筑系馆。建筑物为简单的矩形体量，长 67 米，宽 36.6 米，中间没有柱子和墙，是一个大的通用空间。屋顶由四榀大型钢梁支托，四周大部分是玻璃窗。它是一个名副其实的玻璃与钢的盒子。我们可以把克朗楼看作是密斯建筑创作的一种基本单元，将许多这样的钢和玻璃的盒子垂直放上去，就堆成了他的高层建筑。

一个可能算是例外的是赖特的"流水别墅"了（图 7–35、图 7–36）。

在美国东部宾夕法尼亚州康那斯维尔市有一处叫熊跑溪的地方。那儿有山有水，一泓瀑布从石壁披挂而下。想来过去这里曾是狗熊们的乐园。这里的一块地是匹兹堡市一位阔佬考夫曼（Edgar J. Kaufman）的产业。他一家子常到这个怪石嶙峋、秀木茂密的地方来玩。某日，考夫曼突发奇想，要在这里盖一栋房子，作为周末和度假之用。老考的儿子小考曾看过介绍建筑师弗兰克·赖特的书，因而十分钦佩他。1934 年，小考登门拜访，并将赖特介绍给父亲认识。两人志趣相投，遂成挚友，于是老考把想在这里盖房子的意思告诉了赖特，并请他出个方案。

等到赖特把草图拿给老考夫曼一看，老考着实吓了一跳：好家伙，赖特竟然把房子架到了瀑布的上头，令水流好像是从建筑下面跑出来，又在下面叠了两叠，形成了新的瀑布。大家吓得张口结舌，目瞪口呆。但最终还是认可了这个大胆的方案。

这个别墅的北面是悬崖，南面是溪水和瀑布。南北宽不过 12 米，还要留出 5 米的通道，可用之地非常窄。幸亏那时已经有了钢筋混凝土结构。赖特在别墅的北部筑了几道矮墙，上部的三层楼的楼板，北面架在墙里，南面靠钢筋混凝土的悬挑能力凌空挑出，这样，整个房子就悬在了半空，溪水在建筑下潺潺流过，并继续形成瀑布（图 7–37）。

图 7-35
夏季的流水
别墅

图 7-36
冬季的流水
别墅

我得说，这个方案也就是给花钱如流水的人，才能实现啊。不过赖特知道考夫曼的经济能力，不然也不会拿他的钱去冒这个险。

流水别墅室内的建筑面积才 400 平方米，室外平台倒有 300 平方米。这些平台除了在外观上十分醒目外，人站在平台上，感觉像是升在半空，山林树木不是环绕着你，就是在你脚下，令人飘飘欲仙（图7-38）。

这流水别墅造价可真不菲。老考夫曼当初预算是 3.5 万美元，最终花了 7.5 万美元。室内装修又花去 5 万美元。赖特是这样"忽悠"老考夫曼的："金钱就是力量，一个大富之人就应该有如此气派的

图 7-37　通向溪水的小楼梯

图 7-38　流水别墅的平台

住宅，这是他向世人展现身份的最好方式。"

1937 年，别墅完工。自打他一家住进这里，就不断有人专为看房子来访。有一位纽约现代美术馆建筑部的负责人提议在流水别墅里举办一次展览。1938 年在这里展出了"赖特在熊跑溪的新住宅"的图片展览。美国《生活》《时代》等杂志都大加介绍。到 1988 年为止，参观者已逾 1000 万人。

流水别墅盖好不久，就不时有轧轧的响声，那是构件在磨合。下大雨时，房屋多处漏水，主人要用盆盆罐罐来接水。最要命的是挑得很远的平台令老考夫曼心神不安，晚上经常睡不好觉。幸亏当时在施工时他曾嘱咐工程师多加钢筋，垮塌事件未曾发生过。但 1956 年山里发大水，水曾一度没过平台进了屋里，房子进一步受损。WPC（流水别墅的资金管理机构）接手后，募集了充裕的资金进行了几次大修。维修工程于 2002 年告一段落，所花费用高达 1150 万美元，是当初造价的 164 倍。

不过这一切倒是还值得，因为
2000 年底，美国建筑师协会挑
选 20 世纪美国建筑代表作，流
水别墅排名第一。

2014 年，我和丈夫去流水别墅，
正赶上下雨。我们和管理人员
还开玩笑说这个所谓的流水是
从天上来的吧。看见管理人员
为游客准备了大量的雨伞，我
们意识到这里应该是多雨地区。
看来制造些流水并不是难事，
主要是地形要选得好，有小溪能
在房子周围跳来流去。80 多年
前的建筑看上去依然精彩，可见
维修工作做得很到位，也很费
钱啊。

建玻璃大楼的势头方兴未艾。
1948—1951 年，密斯又在芝加
哥湖滨大道上设计了两座公寓
大楼（图 7-39）。这两座高层
公寓大楼钢结构的梁柱直接表
露在外墙上，除此之外的地方几
乎全是大玻璃窗。这是密斯第一
次建造的真正高层建筑，尽管现
在看起来生冷单调，但却对 20
世纪五六十年代美国和世界的
高层建筑产生了广泛的影响。

图 7-39　芝加哥湖滨大道公寓大楼

有人说现代主义就是玻璃盒子，其实这一时期的建筑也有钢筋混凝土盒子。波士顿市政厅（图 7–40）就是一个。它是 1963 年某次设计竞赛的获奖作品。设计者利用建筑构件组成有韵律、有变化的立面，并且使建筑具有檐部和柱廊。建筑体型有沉重的雕塑感。

随着交通和信息的发达，多样并存的现象越来越显著，稀奇古怪的建筑物也越来越多。

图 7–40   波士顿市政厅

5. 五花八门的建筑纷纷亮相

澳大利亚的悉尼歌剧院是 20 世纪中期建成的一座著名建筑。它虽然是演出类建筑，然而跟人们概念里的"剧院"完全不同。悉尼歌剧院坐落在悉尼市海边的三面环水的奔尼浪岛地块上，占地面积 1.8 公顷。它包括音乐厅、歌剧院，剧场、排演厅，还有众多的展览场地、图书馆和其他文化服务设施，总建筑面积达 88000 平方米，连观众和工作人员在内，几个场地同时可容纳 7000 人。

悉尼歌剧院最吸引人目光的是那几片伸向天空的白色的壳片。远远看去，那白色的东西好像远航归来的风帆。八个薄壳分成两组，每组四个，分别覆盖着两个大厅。另外有两个小壳置于小餐厅上。壳下吊挂钢桁架，桁架下是顶棚。两组薄壳彼此对称互靠，外面贴乳白色的贴面砖，闪烁夺目。

悉尼歌剧院的设计者，丹麦建筑师伍重的意思是造型要具有雕塑感和象征性。悉尼正是从海上来的白人首次登上这块陆地的地点，这就使建筑带有强烈的隐喻性。它的出现，突破了现代建筑的所谓"形式服从功能"框框，是一个看上去完全不知道干什么用的建筑。不幸的是，建筑大师勾出一条条他认为最美的曲线，可结构计算老是符合不了这些曲线。于是建筑与结构两家边靠拢边磋商。死心眼的伍重不肯轻易服从结构师，造成的后果是严重的：光是方案的修改就用了 6 年，从图 7-41 可见一斑。

由于设计和施工的困难，歌剧院从设计到完工达 14 年之久，耗资 1.2 亿美元。不过，它建成后受到人们的广泛喜爱，也算人们没白忙活（图 7-42、图 7-43）。

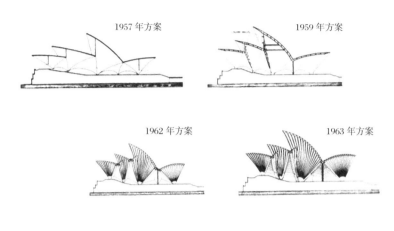

1957 年方案　　　　　1959 年方案

1962 年方案　　　　　1963 年方案

图 7-41
悉尼歌剧院远眺

图 7–42
从空中看歌剧院

图 7–43
歌剧院建筑主体

图 7-44
古根海姆美术馆

图 7-44 所示为 1959 年落成的纽约古根海姆美术馆。它的主体是一个上大下小的螺旋形建筑，像一个白色的螺蛳壳，展品就陈列在盘旋而上的平缓坡道上。整个展厅里没一个墙面是垂直的，也没一块地面是水平的。我要是到里面，准得犯晕。

建筑落成后，一直被认为是现代建筑艺术的精品，大多数评价表明，近 40 年来博物馆建筑中无一可与之媲美。这栋建筑为赖特晚年的一大杰作。

什么东西看多了，就招人烦。人们的手头有钱了，过于简单的方盒子建筑渐渐地不受青睐了。于是到了 20 世纪五六十年代，一些建筑师提出现代要与古典结合的观点。这跟人类历史的"分久必合合久必分"真是有异曲同工之妙啊！

这一趋势被称为 20 世纪的"新古典主义"。著名的代表人物是美国建筑师斯东（Edward D. Stone，1902—1978）和山崎实（Minoru Yamasaki，1912—1986）。

斯东设计的华盛顿肯尼迪表演艺术中心（图 7-45）就是这种思想的体现，据说它是将希腊罗马的古典建筑形式和现代建筑艺术结合起来。整个建筑的高度才 30 米，长 190 米，宽 91 米。中心内有一条

图 7-45 肯尼迪表演艺术中心

贯通的 190 米长、19 米宽的廊子。不过照我看，所谓希腊罗马古典，不过是在玻璃盒子外面加了些柱子而已。这些细柱子能让人联想到古典的柱子吗？

该建筑邻近罗纳德·里根机场，大量的飞机没日没夜飞过上空。为排除这些噪声对使用的影响，实际上建筑物做了两层盒子。人们都在里层盒子里活动。

山崎实，是日裔美国建筑师，他很注意吸收东方传统建筑里的某些特征，并运用到他的设计中去。在他设计的沙特阿拉伯达兰机场候机室（图 7-46）里，结构用的是钢筋混凝土板壳，但外部拱券的线条和墙面上纹路的巧妙处理，使得这个现代化的建筑具有浓厚的阿拉伯色彩。

山崎实的另一座著名建筑是纽约曼哈顿的世贸双塔（图 7-47）。"9·11"之后，人们已经看不见它了，但是从留下的照片里，还是可以回忆起它的雄姿。

世贸双塔位于曼哈顿市区南端，两座外观相同，高度同为 412 米。世贸中心在当时也是整个曼哈顿岛最突出的建筑。有趣的是，设计这对高楼的建筑师山崎实本人却是一位恐高症患者。大概他从不去工地监工吧。不过世贸双塔已然灰飞烟灭了，只剩下照片和建筑史的书中还有记载。不过我得说，世贸双塔并没有脱开方盒子的路子。也许山崎实拗不过业主的爱好吧。

图 7-46 沙特阿拉伯达兰机场候机室

图 7-47 曼哈顿世贸双塔

在五花八门、千姿百态的建筑流派里，还有一种被称为"高技派"的。其中巴黎蓬皮杜文化与艺术中心（设计者伦佐·皮亚诺和理查德·罗杰斯）、香港汇丰银行（设计者诺曼·福斯特）以及伦敦劳埃德大厦（设计者理查德·罗杰斯）是这一派的代表作。它们的共同特点是不但结构外露，甚至电机设备、通风管道都露在外面。在大街上，你会看到钢筋混凝土的梁、柱、桁架；电梯的机器、各色的管道和电缆。这种做法当然方便了检查和维修。但设计者的初衷大概不是为维修工考虑，倒是出自他们的"机器美学"或称"技术美学"吧。

巴黎蓬皮杜艺术与文化中心（图7-48）是以法国前总统的名字命名的一座艺术文化中心。它的出现，比埃菲尔铁塔引起的轰动还要大，因为它看上去太像一座工厂，跟艺术文化简直不沾边。这个怪物位于巴黎市中心，1977年建成。主体为6层的钢结构建筑，长166米，宽60米。与一般建筑不同的是，它的钢柱、钢梁等结构构件都裸露

图7-48 蓬皮杜艺术与文化中心局部

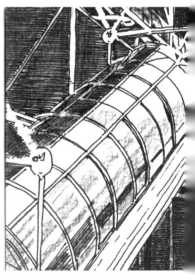

图7-49 垂直交通

在建筑物的表面。甚至运货电梯、电缆、上下水管道等也都在临街的立面上（图7-49），还漆成大红大绿的颜色。

设计者伦佐·皮亚诺和理查德·罗杰斯认为，现代建筑应该是利用现代技术手段造成的一个容器，让人们在其中灵活方便地进行各种活动。

图7-50、图7-51所示的两栋结构外露的建筑也是步蓬皮杜中心的后尘建的。

一窝蜂地建方盒子不算奇怪，最令人惊诧的是方盒子建筑的旗手勒·柯布西耶的变化。30年后的1950年，他一反自己提出的诸如"少就是多"等观点，创造出一批野性十足的建筑。其中最著名的是在法国一个叫浮日山区的地方建的一座小教堂——朗香教堂。

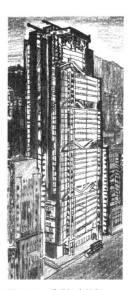

图7-50　伦敦劳埃德大厦　　　　　　图7-51　香港汇丰银行

这个小山上原来有一个小教堂，不知何年被毁了。勒·柯布西耶完全没有考虑传统的天主教堂的形式，而是做了一个奇形怪状的东西。

平日我们走在大街上，满眼都是建筑物，大部分就是一扫而过，没留下什么印象。个别的多看两眼，事后也未必能回忆起来。而让人能驻足观瞧的，人们称之为"抓人眼球"。正像衡量女孩的漂亮程度用"回头率"这个词一样。

朗香教堂就属于特别能抓人眼球的建筑物。其原因首先是它让人们有陌生感。我们在日常生活中都形成了一定的概念，即什么性质的建筑是个什么样子。比如教堂吧，总得是高耸一些，有个尖塔、钟楼什么的，门比较大些。窗户上有彩色玻璃。如果你看见类似的东西，估计眼皮都不会抬第二次，"这是个教堂"的模糊概念仅存一瞬。如果发现一怪物，反倒会驻足观看，在心里问道：这是个什么鬼东西？

那么你猜猜，下面的建筑物是什么？蘑菇？伞？泥塑？

它就是勒·柯布西耶的新作——朗香教堂（图7-52、图7-53）。

朗香教堂的立面处理，四个立面四个模样，你看了南面，绝对想象不出其他三个面长什么样。那些窗户大小形状也皆不同。墙壁厚薄不一曲里拐弯地把小小的内部空间分割得很是复杂。平面构图像个耳朵，用来倾听上帝的声音（图7-54）。

古代的教堂如哥特式复杂在细部，岂止是复杂，简直就是烦琐。而朗香教堂却恰恰相反。它的结构很复杂，而细部，无论是墙面还是屋檐，外观还是内部，却相当简洁。我们只能说，它是一个"怪胎"。

图 7-52 朗香教堂的一个面

图 7-53 朗香教堂的另一个面

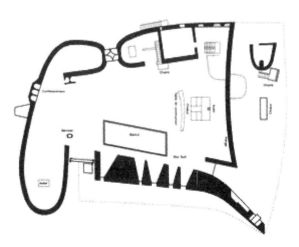

图 7-54 朗香教堂平面

在这里还要特别值得一书的是华盛顿国立美术馆的新馆——东馆。
20 世纪 40 年代建成的老馆——西馆因种种原因，已不够用了。
在决定建一座新馆时，华裔建筑师贝聿铭先生被认为是最好的设
计者。

东馆（图 7-55）的周围尽是些主要的纪念性建筑，业主又对美术馆
本身提出了许多特殊要求，且地块又是个不太好利用的梯形，贝聿
铭综合考虑了这些因素，把这个梯形地块用一条对角线分成了两个
三角形。西北部面积较大，是等腰三角形，做主要展馆用，东南部
的直角三角形面积小一些，为研究和行政部分。两部分在第四层相通，
这使整个美术馆既不失统一，又稍有区别（图 7-56、图 7-57）。

图 7-55　美术馆东馆鸟瞰

图 7-56 美术馆正立面

图 7-57 美术馆侧面

新的东馆和老西馆建造年代差了三四十年，但东馆的中轴线在西馆东西轴线的延长线上，且外墙的石材用的是同一矿坑里产的略带粉色的浅黄石头，用这种办法取得了新老馆的统一。

东西馆之间建了一个小广场。广场中央布置喷泉、水幕，还有五个大小不一的三棱锥体，是建筑小品，也是广场地下餐厅借以采光的天窗。广场上的水幕、喷泉跌落而下，形成瀑布景色，日光倾泻，水声汩汩。观众沿地下通道自西馆来，仿佛身在水帘洞，很有趣味。

路易·康是著名的美国现代派建筑师，他提倡建筑不要千篇一律，每个作品都要有自己的特点。他的作品坚实厚重，不爱表露结构。他所设计的孟加拉国议会大厦（图7-58）正是体现了这种理念。

图 7-58　孟加拉国议会大厦

孟加拉国议会大厦于1962年开始设计，1965年动工，1982年投入使用。议会大厦的中心为圆形会场，门厅、祈祷厅、休息厅、办公楼等附属建筑整齐均衡地向四面八方突出。墙面有一部分为带有大理石条的水泥墙，另一部分为红砖墙，墙体上开着方形、圆形或三角形的大孔洞。其形象厚实、粗粝，显得原始而神秘，看上去人们在这里藏猫猫倒挺合适的。

日本著名建筑师丹下健三于1961年为东京奥运会设计的代代木体育馆（图7-59）是个极好的现代与传统结合的例子。在钢筋混凝土时代能做出有大屋顶感觉的体育馆，不能不佩服这位大师啊！

图7-59 代代木体育馆

1961 年，为举办 1964 年东京奥运会，政府特地聘请当代日本最著名的建筑大师、1913 年出生的丹下健三设计一座体育馆，以显示本国的技术力量和组织能力。后来，这座造型奇特、空间感好的新建筑的确以其高度的结构技巧与合理的平面布局得到了世界建筑行家们的广泛赞扬。这座体育馆就是代代木体育馆。代代木体育馆占地面积 91 公顷，由一个主馆（游泳馆）和一个附馆（篮球馆）及办公与辅助设施组成。主、附馆的屋顶像是两个形状不同和大小不同的贝壳，体型非常特别。

第八章 后现代主义，各走各的路

从 20 世纪 60 年代起，世界各地陆续出现跟方盒子完全不同的建筑物。进入 20 世纪 70 年代，世界建筑舞台上呈现出以上所举出的五花八门的建筑。到了 20 世纪 80 年代，开始有喜欢玩理论的人称这种形式为"后现代主义"。

实际上，大部分建筑师在做设计时，并没有事先把自己的作品归在某类里，更不要说归在什么"主义"里了。所谓这个主义，那个主义，多半是一些建筑评论家，或者大有名气的建筑师写了一些文章，在文章里表述的一些观点。当然，一段时期内建筑物的形式比较流行，也是事实。

那么，到底什么是"后现代"主义呢？一种普遍的看法是：后现代主义是对现代主义的一种反叛。美国建筑师文丘里（R.Venturi，1925—2018）于 1966 年出版的《建筑的复杂性与矛盾性》就是后现代主义的宣言书。其主要内容就是一句话：爱怎么来就怎么来。

让我们看看文丘里自己和其他建筑师所做的几个典型的后现代主义建筑都是什么样子吧。

图 8-1 纽约电报电话公司大楼

美国建筑师菲利普·约翰森设计的纽约电报电话公司大楼（图 8-1）开启了后现代主义的先河。这栋建于 20 世纪 50 年代的建筑，其主体共 37 层，高 183 米，立面分成三段式：基座部分正中为一大拱门、中段部分开了一些宽窄不同的小窗，顶部是一个带圆凹口的三角形山花。

它的墙面用的是磨光花岗石面。这有别于当时纽约其他玻璃幕建筑，倒是带有欧洲文艺复兴建筑的特征。约翰森描述自己的设计时说："在纽约所有 20 世纪 20 年代的和更早的 20 世纪转折时期的建筑，都有可爱的小尖顶；我想再次追随那些建筑，所以，将电报电话公司大楼底部模仿巴奇礼拜堂（Pazzi Chapel），中间部分模仿芝加哥论坛报大楼的中段。"

此大楼的出现，引起建筑界内外的各种评论，有人称之为"祖父的座钟""老式烟斗柜"，也有人大加赞赏，认为它有生气。总之，它是继朗香教堂之后，再次轰动一时的建筑，可称为后现代主义的代表作。

下面的这栋以普林斯顿大学毕业的校友胡应湘命名的建筑物（图8-2），设计人为文丘里，于1988年建成。文丘里主张复杂矛盾。在这座建筑中有大学传统建筑的形式，有英国贵族府邸的形象，又有老式乡村房屋的细部，在入口处的墙面上，还有用灰色和白色石料拼组的抽象化的中国京剧脸谱（图8-3）。建筑物的南端小广场上还有一个变形的中国石牌坊。充分体现了文丘里的建筑创作主张。

图 8-2
普林斯顿大学
巴特勒学院
胡堂

图 8-3
胡堂入口

美国建筑师格雷夫斯设计的俄勒冈州波特兰市政大楼（图 8-4）又是一例。

这个高 15 层的大方墩子 1982 年落成于美国俄勒冈州波特兰市。它的基座用灰绿色的陶瓷面砖，上部主体为奶黄色。这座市政府新楼改变了公共建筑领域近半个世纪流行的玻璃盒子式的现代主义建筑风貌，成为后现代主义建筑的第一批里程碑中的一个。

再一个例子是德国的斯图加特市国立美术馆（图 8-5、图 8-6）。

图 8-4
波特兰市政大楼

图 8-5 斯图加特市国立美术馆

图 8-6
美术馆入口
及雕塑

在风起云涌的后现代主义浪潮里，德国人不甘落后，于是请了英国建筑师斯特林来设计斯图加特市国立美术馆。

这栋新州立美术馆建于 1838 年建的老馆旁边，1983 年建成后，立刻轰动一时。

设计者用了大众化和诙谐的方式去表达自己对美术馆建筑的理解。虽然他在整体上仍然大面积地使用了和相邻传统建筑相同的外墙，但涂上鲜艳颜色的空调管，带有高技派味道的入口雨篷，粗糙的素混凝土的排水口，以及门厅细腻明快的曲面玻璃幕墙，使得它具有了与众不同的特别之处。再加上一些比例失调的人物雕塑，现代感就出来了。

下面的一个建筑也有点意思。我光是带朋友就去了 N 次，还参加了一次弥撒，这就是位于洛杉矶南面橙县的水晶大教堂。

水晶大教堂（Crystal Cathedral）是由菲利普·约翰逊和他的助手共同设计的。1968 年开始兴建，1980 年竣工，历时 12 年，耗资 2000 多万美元，是最现代化的教堂之一，大堂由一万多块玻璃建成，玻璃都是由教徒捐赠的。教堂长 122m，宽 61m，高 36m，圣堂可容纳 2890 人就座，并可满足一千多名歌手和乐器演奏家在 61.67 米长的高坛上进行表演。它的外观是由玻璃方格镶成，阳光照射下像水晶一样闪闪发光。

可惜近年来不知什么原因，这个大教堂竟然关门了。据说是教会没钱。我三年里去了好几次，都只见被拆得精光的，就剩一个空壳子的教堂建筑本身了。幸亏那个塔（图 8-7）还在，但里面的水晶却没了踪影。唉！总算室外的几个雕塑还在，算是有点东西可看。

图 8-7
大教堂和塔

在大教堂旁边有一座由不锈钢组成的尖塔，塔内有一块巨大的天然水晶。不知教堂是否因此得名。

1990 年建成的巴黎音乐城是法国建筑师克里斯蒂·德·包赞巴克（Christian de Portzamparc）最著名的作品。

音乐城（图 8-8）位于巴黎拉维莱特公园的南入口（图 8-9）附近。包括一个音乐厅、100 间琴房、15 个音乐教室、一个音乐博物馆和 100 名学生的宿舍。建筑布置及形式考虑到声学上的要求，一部分房屋上有波浪形屋顶。建筑体型说简单也简单，说复杂吧，确实又错综复杂。

图 8-8
巴黎音乐城

图 8-9
拉维莱特公园
入口

音乐城边上的拉维莱特公园本身也是一个后现代派作品,方的、园的、高的、矮的凑在一起,加上墙面使用了大红的颜色,令这个公园入口极其抓人眼球。本来不打算进去的人到这里也忍不住要拐进去瞧瞧。这就是建筑的作用吧。

日本的建筑师在后现代主义的浪潮里也急忙地有所作为。

还是这位丹下健三,他的东京都新市政大厦(图 8-10)于 1985 年 11 月设计开始,1988 年 3 月开工,1991 年三月落成。主楼共 48 层,高达 243 米,是东京向 21 世纪发展的象征。

从 20 世纪 90 年代初期开始,这样的状况开始有所改变。1991 年完工的后现代风格东京都厅舍或许是摩天大楼风潮的起因。

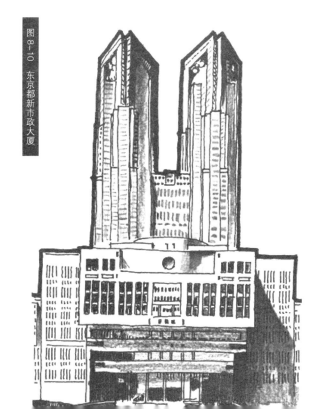

图 8-10 东京都新市政大厦

东京都议会于 1985 年 9 月通过了"东京都政府设置位置条例"并决定将新都厅设立在新宿副都心，同年 10 月举办"新都厅舍大楼设计比赛"，隔年（1986 年）4 月丹下健三的设计方案被选中，结构设计为日本著名的抗震结构大师武藤清。

东京都厅舍（图 8-11）于 1988 年 4 月开工，1990 年 12 月完工。紧跟随之出现的是横滨地标大厦（图 8-12）。横滨地标大厦位于日本横滨市，横滨地标塔（Landmark Tower）高 295.8 米，有 70 层，是日本最高的大楼及第三高建筑，开工于 1990 年，完工于 1993 年，大楼的 49 层以下作为办公与零售用途，49 ~ 70 层为旅馆，在 69 层设有观景台，高 273 米。横滨地标塔拥有世界第二快的电梯，速度高达每分钟 750 米（时速 45 公里），仅次于台北 101 大楼观景台电梯。

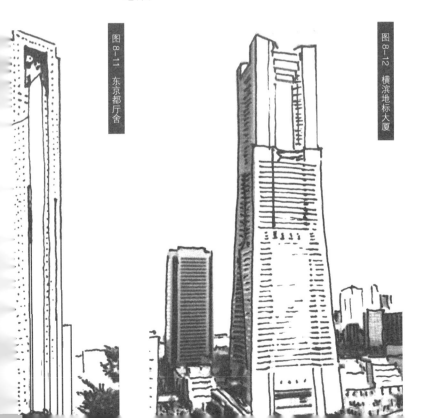

图 8-11　东京都厅舍

图 8-12　横滨地标大厦

1996 年启用的东京国际论坛大楼（图 8–13）是由所设计。除了其独特的设计之外，还在周遭设置了公共活动空间让市民休憩利用。据称是结合了日本自然、技术、历史的建筑物。日本首次采用国际建筑师联盟的标准进行设计竞赛。胜出设计者为美籍英国建筑家协会国际研究员兼建筑师拉斐尔·维诺里（Rafael Viñoly）。玻璃建成的大堂（玻璃栋）以船为题材，巨大壮观的外观成为建筑物的象征。

不过，说它坏话的跟称赞它的人几乎一样多。反对者批评它为"泡沫经济之遗产""税金的浪费"。

可以看得出，20 世纪 90 年代以后的日本建筑几乎跟今天的中国建筑一样，看不出"古都风貌"来了。

图 8–13
东京国际论坛大楼

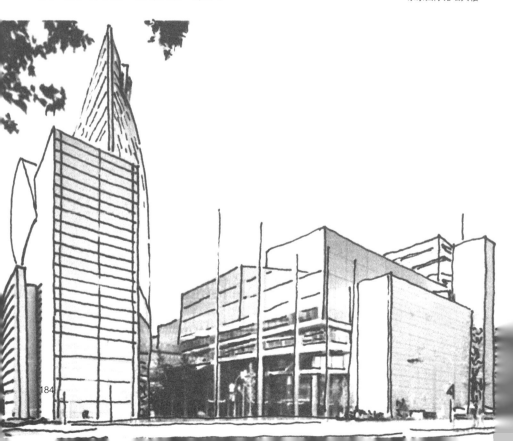

当日本建筑师围绕着新出现的后现代主义烦恼、徘徊的时候，矶崎新（1931—）便以筑波中心大厦（图8-14）这一作品宣告了后现代主义时代的到来。

该建筑总建筑面积32902平方米，是由宾馆、商业、音乐厅、办公等组成的复合设施（图8-15）。它巧妙地利用中心一椭圆形平面的下沉式广场（图8-16）的长轴与城市南北轴线重合。西北角有瀑布跌水，一直引入中心，两幢主体建筑成L形围合在广场东南侧。该建筑设计和谐统一，看着很是舒服。作为日本后现代主义的代表建筑，在世界范围引起广泛瞩目。

图8-14
筑波中心大厦

变化的建筑

图 8-15　侧面

图 8-16　下沉式广场

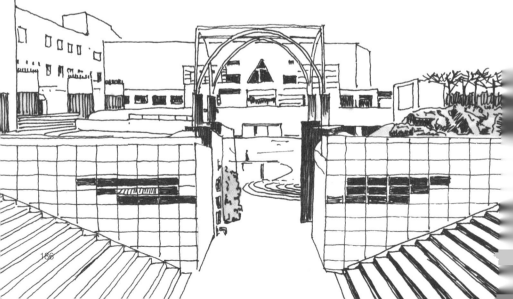

第九章 解构主义，越发的没谱了

继后现代主义出现后，在建筑界称得上"主义"的恐怕就算更加没谱的解构主义建筑了。

"解构主义"这个词，最先出现在哲学领域。其含义晦涩难懂。简而言之，就是把什么都拆了。有人形象地说，解构主义者就像是把父亲的手表拆散了并使之无法修复的坏孩子。因为这类建筑太特奇、太扎眼了。要是满大街都盖上这类东西，非把人都吓疯了不可。当然，少量的有一些，点缀一下我们这个多彩的世界，也未尝不可。

解构主义在建筑上的全面尝试，就是让建筑学远离那些实习者所看见的现代主义的束紧规范，反对过去提出的"形式跟随功能""形式的纯度""材料的真我"和"结构的表达"之类的条条框框。

在解构主义运动的历史上的重要事件包括了 1982 年拉维列特公园（Parcde la Villette）的建筑设计竞争、1988 年现代艺术博物馆在纽约的解构主义建筑展览，由菲利普·约翰逊和马克·威格利组织，还有 1989 年初位于俄亥俄州哥伦布市由彼得·艾森曼设计的卫克斯那艺术中心。

马尔默市是瑞典第三大城市。图 9-1 所示为马尔默市中的 HSB 旋转大楼。这是一栋商住合一式的建筑物。它的设计理念源于一个名为"扭曲的躯干"（Twisting Torso）的模仿扭曲的人形白色大理石片雕塑。

大楼于 2001 年 2 月 14 日动工，施工期为四年半。2002 年 3 月和 8 月，该建筑分别完成地基及混凝土浇筑工程。2005 年 8 月 27 日，中心正式开幕。

整栋大楼高 190 米（623 英尺），54 层。大楼的核心是一个直径为 10.6 米的巨大混凝土管子。其外墙的厚度从最底层的 2.5 米逐渐向上缩至 40 厘米。

楼层共分九个区，每个区有五层。每层的方向都跟下面那层不同。而 2800 块外墙板和 2259 块玻璃幕墙均以 1.6° 的角度旋转。其中最高层和最底层的平面成直角。所以看起来整座大楼好像一块毛巾被扭了一圈，因而又有"扭毛巾大楼"之称。

真想不到在人们印象中规规矩矩的瑞典人竟然出了这么个风头。

图 9-1
瑞典马尔默市的
旋转大楼

还有一个介于建筑学和雕塑间的艺术作品，这就是 2001 年，在德国首都柏林落成的犹太博物馆（图 9-2），建筑师是知名的丹尼尔·利伯斯金（Daniel Libeskind）。

这座博物馆从空中看来，是一系列由长方体连贯而成的锯齿形曲线。它有着凸起的光光的锐角，像是被压扁的矩形。它象征着充满痛苦和悲伤的扭曲的生命。无言地向人们诉说着两千年来犹太人和德国人之间难以厘清的因果关系。

丹佛美术馆（图 9-3）被 2007 年《悦游 Condé Nast Traveler》杂志 4 月刊评为世界上最新奇的 5 座建筑之一。该馆有 13563.84 平方米的钛金属外衣，已经于 2006 年 10 月开放，是由丹尼尔·利伯斯金设计。

图 9-2 犹太博物馆

图 9-3　丹佛美术馆

这座用玻璃和金属构成的三角形和不规则多边形组合而成的抽象建筑，成为美国落基山脚下具有标志性的现代建筑，也把丹佛艺术博物馆原有的七层展览大楼展厅面积整整扩大了一倍。

下面是解构主义建筑的另外三个例子。

一个是迪拜的阿拉伯塔。其实它并不是通常意义上的塔，而是一座饭店。饭店的建设始于 1994 年，并于 1999 年 12 月 1 日正式开放。建筑的外形如同独桅帆船型（Dhow 阿拉伯式帆船）。它建在离海岸 280 米的人工岛上。它的结构采用双层膜形式，造型轻盈飘逸，因此又被称为帆船酒店。

在建筑物内部有一个高 180 米的中庭，它以铁弗龙涂料玻璃纤维纺织布围帆船的"两翼"构成。

虽然该饭店看着很庞大，但它其实只有 202 间套房。要用一个字来形容这些客房，就是"贵"。即使最便宜的单套房也要 1000 美元一晚上起。最小的套房面积为 169 平方米，最大套房为 780 平方米的皇家套房，每个晚上要价 28000 美元。它建在第 25 层，有一个电影院、两间卧室、两间起居室、一个餐厅，出入还有专用电梯。

阿拉伯塔的设计师是一个生于 1957 年的年轻英国建筑师汤姆·赖特（Tom Wright）。他既不是名牌大学毕业，也没有设计过 15 层以上的建筑。年轻，就是大胆。接了这个工程后，他就提出，要在海里为酒店专门建一个人工小岛。

在海里建岛，还要在岛上建高层！这地基怎么处理啊。工程师麦克尼古拉经过精确的计算，先是用钢板桩打入海里，圈成了一个围堰，再往底部的沙子里灌水泥。在给建筑物挖基础时，居然钢板桩和水泥底都安然无恙。

整个建筑的地基则用了摩擦桩，使得沙子不会从建筑物底下溜走。

不过我还是有点担心，哪天海啸什么的会不会把它给轰跑了呢？

下面的俩房子（图 9-4、图 9-5），看看就行了。都是七扭八歪，怎么怪怎么来。

位于北京朝阳公园南路 3 号的凤凰传媒中心，其建筑造型取意莫比乌斯环。但有别于世界各地以往的莫比乌斯环建筑设计，是绝无仅有的建筑。

美术馆的建筑设计由著名建筑师、北京大学建筑研究中心教授董豫赣担纲，与周边土地相结合、在原有环境中生长，采用红色砖块作为基本元素，辅以部分建筑上青砖的使用，打造出一座配备有当代山水庭院的园林式美术馆。

图9-4　公寓一

图9-5　公寓二

跋

头一样要"跋"的是惶恐。在写书的过程中，常常有不明白的问题。比如说：罗马万神庙的穹顶当中开了一个大圆洞，下雨怎么办？婆罗门建筑上密密麻麻的都是些浮雕，在那么热的地方，不显得燥吗？可惜，这些问题当年做学生时都没问老师。如今一下笔，顿觉自己好似生瓜：蒂还没落，瓜就自己落了地。无奈，只好边写书边补课。幸亏有网可以随时查。于是弄俩计算机：这边写着，那边查着。有时连某人的生辰都要查一下，唯恐书上写错了，让他妈妈早产了。

第二样想"跋"的是，外国人跟咱们中国人真不一样。无论情感还是爱好，都是大起大落的。既有像斗兽场那么残酷血腥的去处，也有如泰姬·玛哈陵那么柔情似水的建筑。中国虽然历史悠久，版图辽阔，但建筑无论皇宫还是庙宇、民宅，看上去都差不多一个模样，很平和，很稳重，如同中国人。

第三个是未来建筑趋势的不确定性。科技进步一日千里、人类寿命越来越长、地表面积越来越小。建筑往哪个方向发展，还真不好说。记得我儿子小时候感慨于一家四口挤在 12 平方米的小屋，跟我说了他的幻想：买一电线杆，在上面搭出好几层平台来（他爸是结构工程师，有办法），一人住一层，最下面的一层公用。

说不定有一天我们的子孙后代就住在类似的鸟巢里也未可知。

参考文献

[1] 陈志华.外国建筑史 [M].4 版.北京：中国建筑工业出版社，
    2010.